一杯の水に
人生を捧ぐ

草間茂行
KUSAMA SHIGEYUKI

幻冬舎 MC

一杯の水に人生を捧ぐ

はじめに

1999年に「温泉水99」という天然ミネラルウォーターの販売を始めてから1年。取り扱ってくれる問屋が31社となり、さあいよいよこれからというときに、水の仕入れ先2カ所の商品から緑膿菌《りょくのうきん》とレジオネラ菌が検出されました。健康被害の報告は一切なかったのですが、保健所からは全商品回収の指示。せっかく信頼関係を築き上げた問屋とはすべて取引中止となってしまったのです。

会社は倒産の危機に直面し、事業をたたむことも考えました。しかし、ありがたいことに、スーパーから全面撤退したあとも再販を願う声が多数寄せられ、これらの方々がクチコミの最初の発信者として、ご家族やご近所の人たちに温泉水99を薦めてくださったのです。必ず復活して信頼を取り戻そう、そして二度と顧客の信頼を損ねないよう全身全霊で誠実な商いをしよう――そう心に誓いました。

その後、品質に全責任を負うためにはこれしかないと、私は温泉水の産出地である鹿児島の垂水《たるみず》に自社工場を設立。自己資金がほとんどないなか、それは一種の賭けでしたが少しずつ信頼と業績を回復し、販売開始10年目にはついに黒字化することができたのです。大手コンビニチェーンの店舗にも採用されるなど、現在では順調に販売数を伸ばすことができています。

私がそこまでして〝その温泉水〟に惚《ほ》れ込んだのには理由があります。運命の出会いを果たしたのは1998年9月のことでした。当時、水とは無縁の事業を行っていた私ですが、ふとしたきっかけで東京ビッグサイトのギフト・ショーという展示会に足を運びました。その広大な会場の中、1800余りあるブースに出展していたのが垂水の温泉水を販売する2社でした。

3面あった展示パネルにぎっしりと書かれた解説の文字。ミネラルをまんべんなく含み、pH9・9という高いアルカリ性を持つ超軟水で、世界的に見ても非常に希少な温泉水だというのです。当時、水にはなんの特徴もないと思っていた私には衝撃でした。これだけ機能や特色があるのなら必ず売れる。そう直感した私はすぐに取引を申し出ました。あとから聞いたら、17万5000人もの来場者のうち、その水の取引に申し出たのは私一人だけだったそうです。

その後、日本全国だけでなく、ハワイやグルジア（現ジョージア）などの国外に存在する名水地にも直接足を運んだり、場合によっては水をあちこちから取り寄せたりして、水について調べ尽くしました。しかし、垂水の温泉水以上のものには出会えませんでした。ますます私は垂水の温泉水に自信を深めたのです。

販売を開始した当時の日本では、わざわざお金を出して水を買うという習慣が一般的ではなかったように思います。社内でも「水のビジネスなんて成功するはずがない」という反対の声が多数でした。それでも私には、みんなが賛成するものが必ず成功するわけではなく、逆に新しい挑戦にこそ商機があるはずだという確信がありました。「全員反対！」の中にこそ、一つか二つ、きらりと光るダイヤの原石があるのだと。私はこの信念をもとに、とにかくこの温泉水の魅力を多くの人に分かりやすく伝えようと、努力を重ねてきました。

本書は温泉水に魅了され、生涯をかけて温泉水事業に挑んだ私の経営者としての半生をまとめています。東京ビッグサイトでの温泉水との出会いを機に、私の人生は水中心になりました。これまでなんの特徴もないと思っていた水が人間の健康、ひいては人生にとって重要なものであることに気づかされたのです。この本を手に取った老若男女すべての方に、私がこれほどまでに夢中になった温泉水の魅力を届けられればと思っています。そして、良質な水を選ぶことが人生を幸せに生きるための鍵となると、少しでも多くの方に伝えられれば幸いです。

目次

第2章 水はわざわざ買うものではなかった時代 目に見えない価値をいかにして消費者に届けるか

第3章　経営が軌道に乗ったと思った直後に起きた、まさかの「商品回収」再販を求める声に経営の再建を誓う

第4章

数々の試練を乗り越え、知れ渡る温泉水の魅力——大手コンビニチェーン店にも認められ販売開始

第5章

たかが水、されど水一つで人生は変わる――より多くの人々に奇跡の温泉水を届けていく

第1章

無色透明の中には
目に見えない価値が詰まっている
桜島が育んだ奇跡の温泉水との出会い

水が当たり前に売られる時代

現代社会ではスーパーやコンビニ、路上にある自動販売機など至るところでペットボトルに入ったミネラルウォーターが売られています。今ではごく当たり前のことかもしれませんが、一昔前の日本では見られなかった光景です。なぜなら日本は世界でも有数の水資源が豊富な国で、山から流れる清流や地下水が全国各地に存在し、そこからあふれ出る湧水や井戸水を自然の恵みとして誰もが利用してきました。また、蛇口から出る水をそのまま飲むことができるという、世界的に見ても非常に安全で品質の高い水道水もあるため、日本では長らくわざわざ「水を買う」という発想が広がりませんでした。

日本で本格的にペットボトル入り飲料水が販売されたのは、1985年のことです。フランスの「エビアン」が日本に輸入され、ペットボトル入りのミネラルウォー

日本のミネラルウォーター類(国内生産、輸入)の推移

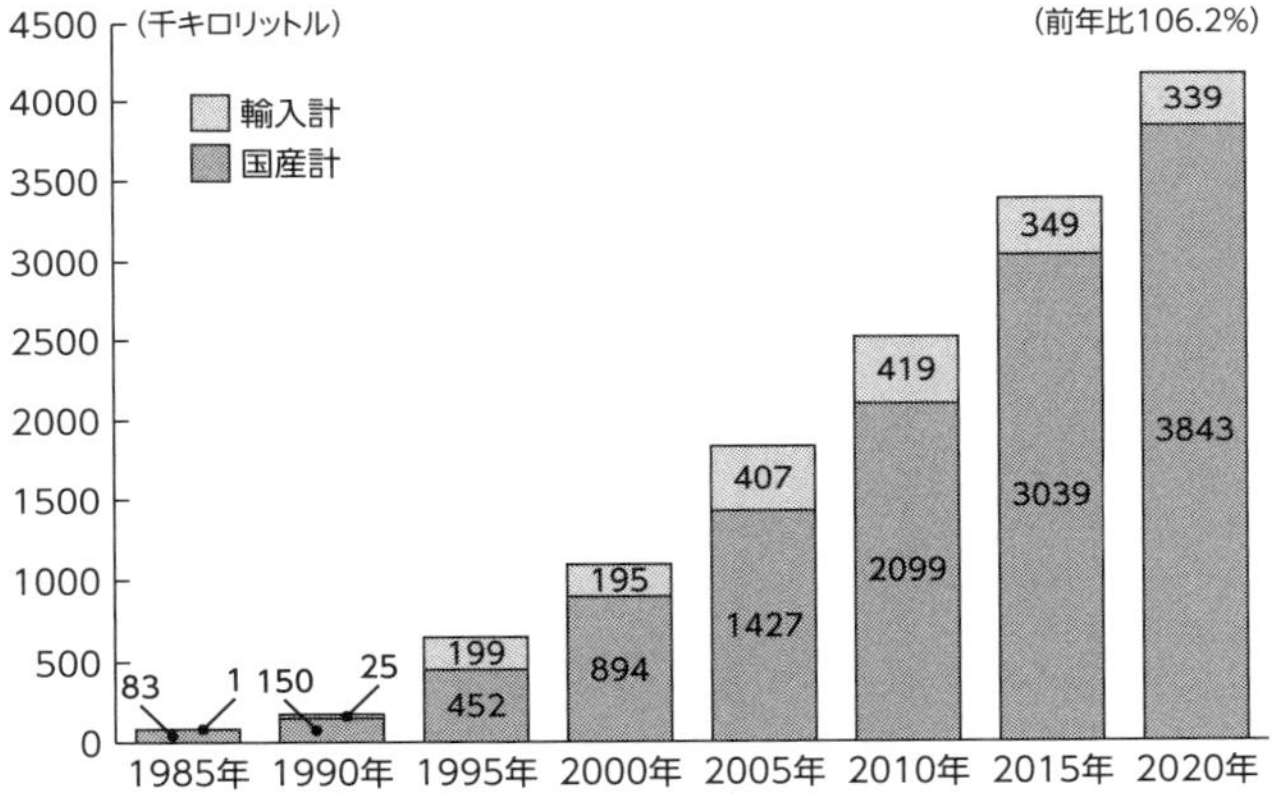

出典：一般社団法人日本ミネラルウォーター協会

ターとして販売が開始されました。当時、日本国内ではミネラルウォーターの市場は皆無で、ペットボトル入りの水は珍しいものでしたが、健康志向の高まりや海外ブランドへの関心が後押しし、徐々に注目されていきました。このエビアンの成功を受けて、１９８０年代後半から１９９０年代初頭にかけて、国内外の飲料メーカーが次々とミネラルウォーターの販売を開始し、日本の市場が本格的に拡大していきます。

日本の大手飲料メーカーで家庭用のペットボトル入り飲料水を最初に販売したのは、ハウス食品です。１９８３年に「六

甲のおいしい水」という商品名で、国産のミネラルウォーターをペットボトルに詰めて販売を開始しました。その後、サントリーをはじめとした飲料メーカーが清涼飲料水市場におけるミネラルウォーターの需要が高まることを予測し、安全で高品質な水を提供することに注力したのです。この商品は日本国内での市場の拡大をさらに牽引《けんいん》し、ミネラルウォーターがより広範な消費者層に浸透するきっかけとなりました。

安全でおいしい水道水があるにもかかわらず、水の品質やミネラル成分に関心が集まり、消費者の多様なニーズに応えるかたちでミネラルウォーター市場は拡大し、今日では広く認知される商品となっています。

人間にとっての水という存在

そもそも水は生命維持に不可欠な要素であり、その重要性は計り知れません。人の身体は約60％が水で構成されており、体内の水分は生命活動のあらゆる側面に深く関わっているということはよく知られています。

例えば、細胞は生きていくために水を使って栄養を取り入れます。同時にいらなくなったものも水で排出します。水が足りないと細胞の働きが悪くなってしまい、エネルギーを作ることや細胞自身を治すことができなくなってしまいます。水は体の中のいろいろな化学反応を助ける役割もあり、酵素の働きや物質を運ぶことなど、体の基本的な働きは全部水があってこそなのです。

さらに体温調節でも水は重要な役割を担っています。人間は汗をかくことによって体内の余分な熱を外部に放出し、体温を一定に保つことができています。この機能がなければ、体温は危険なレベルまで上昇してしまいます。特に、高温多湿の環境下や激しい運動時などで水分補給が適切に行われない場合、熱中症や脱水症など重篤な全身症状を引き起こし、命の危険にさらされます。

血液やリンパ液の主成分も水です。血液は絶えず体内を循環し、各臓器や細胞に酸素と栄養を届けているのですが、これにも適切な水分量が必要で、不足すると血液が濃縮され、循環機能が低下し、心臓に大きな負荷をかけることになります。

腎臓では血液を濾過《ろか》して不要な物質を尿として排出していますが、このプロセスを円滑に行うためにも水が必要になります。ここで水が足りないと血液が濃くなってしまい、うまく体内を巡らなくなります。そうすると心臓に負担がかかってしまうなど、最終的に体のいろいろな部分に悪い影響を与えてしまうのです。

ほかにも、水は人間の消化にも大切な役割があります。唾液や胃液、腸液などの消化液は全部水が基になっているからです。これらは食べ物を消化して栄養を吸収するのを助けていますが、消化液が十分に出ないと、消化の働きが弱くなり、栄養をうまく取り込めなくなる可能性が高くなります。そうすると、やはり体の調子を崩すリスクが高くなってしまうのです。

このように、水は人間の生命に関わっているため、生まれてきてから死ぬまで摂取し続けなければなりません。普段、何気なく口にしている水ですが、人間には質の良い水を十分にとることが不可欠であり、それによって生命を維持する仕組みが正常に保たれているのです。

偶然に導かれた温泉水との出会い

今ではこのように私たちの体の生命維持に欠かせない大きな役割をもつのが水だと知られていますが、長らく私にとっては大して重要ではないものでした。

1998年、私にとって水とは何かと考えさせられる出来事が起こりました。その頃の私は、別納割引という今のETCのような高速道路の割引制度の利用サービスを推進する会社を経営し、ビジネスの世界で生き残るためにいろいろな努力を重ねていた時期でした。

そんなある日のこと、クライアントである大手飲料メーカーから、社長が交代した新体制のもとで取引先の見直しが行われていること、そして私の会社は取引が打ち切られる可能性が高いということを告げられました。このクライアントは会社の売上の最重要顧客であり、なんとか取引継続の道がないか探っていたところ、先方から興味深い提案をされました。スーパーの経営者の知り合いが多い私ならば、その大手飲料メーカーの「水」の販路を広げられるのではないか、それができれば取引継続の理由になるというのです。

この予想外の展開に私は興味をそそられ、まず売るべき「水」を知りたいと、彼らの水の特徴について質問してみました。商品の特徴を知ることは販売戦略を立てるうえで重要だと考えたからです。ところが、彼らの返答はさらに意外なものでした。「水ですから特徴なんてないですよ」と言うのです。

当時の私は水に関する知識が皆無だったため「そうか、水は特徴がないのかもしれないな」と妙に納得したものでした。これが「水」と私との最初の接点です。

その年の秋、別納割引制度利用サービスの代理店がたまたま東京ビッグサイトで開催されるギフト・ショーへ出展するということで、私たちも出向きました。数多くのブースが立ち並び、ありとあらゆる商品が展示される会場内を人の波に押されるようにして歩いていると、ふと目に留まったブースがありました。鹿児島県の垂水にある2業者が水を共同出展していたのです。何気なくのぞいてみると、

「ミネラルバランスが優れている」

「アルカリ性が高い」

「軟水で飲みやすい」

「豊富な水源から汲み上げた天然水」

と、その水の特徴がブースの壁一面にびっしりと書き込まれています。

私は目を疑いました。なぜならつい数カ月前に「水だから特徴はない」という話を聞いたばかりなのに、ここには数えきれないほどの特徴が並んでいたからです。その瞬間、私の心に閃《ひらめ》きが走りました。

「これは必ず売れる！」


のちに知ったのですが、このギフト・ショーには1800以上ものブースが出展し、来場者数は約17万5000人でした。そのうちこのブースの水の取り扱いを申し出たのは私一人だったそうです。まさに奇跡といっていいと思います。私はこのような偶然に近いかたちで、「温泉水」と出会ったのです。

水博士のお墨付きを得る

私の人生において、水ビジネスへの参入は大きな転換点となったのですが、その道のりは決して平坦ではなく、むしろ幾多の障害に満ちた険しい道でした。私が苦手とする経理や財務に精通した人を探していた頃、何百人もの従業員を擁する外資系企業のトップに昇り詰めた高校時代の先輩で、是非会社を手伝ってくれと懇願した結果、10人足らずの私の会社にやって来てくれた経理部長がいました。その経理部長から水ビジネスに対して激しい反対に遭いました。

「俺は絶対反対だ」と彼は断固として譲らず、現地の垂水への視察にも同行を拒否するほどでした。確かにただの水を商品として売るという発想は、その当時としてはあまりにも突拍子もないものだったのかもしれません。「温泉水」という言葉自体、当時はあまり知られておらず、そのため私が水を売る計画を相談した相手の中で、賛同してくれた人は一人もいませんでした。まさに孤軍奮闘の状況です。

それでも私は諦めませんでした。むしろ反対の声に奮起し、より深く調査を進めることにしたのです。日本全国の水を徹底的に調べ上げ、さらには海外にまで足を延ばし、ハワイやコーカサス地方のグルジアなど、水で有名な地域を訪れ、視察し、気になる水はすべて、自分の目で確かめました。

特に興味深い訪問となったのはグルジアです。グルジアは現在のジョージアのことであり、水とワインが世界的に有名です。ただ、当時はまだそれほど知られておらず、ある食品コンサルタントに同行して、同国の副大統領と面会し、水源地を直接視察する機会にも恵まれました。そのときに行った水源地は、まるで日本の上高地を思わせるような美しさで、今でも記憶に鮮明に残っています。

しかし、肝心の水自体は想像とは異なり、なんと炭酸が入っていたのです。当時の日本人にとって、水といえば純粋な水で、炭酸入りの水というもの自体が珍しく、驚きを隠せませんでした。さらに硬度も高く、非常に飲みにくいものでした。

このような経験を重ねるなかで、私は水ビジネスの難しさと同時に、さらにその可能性も感じていました。なぜなら垂水の温泉水のような素晴らしい水は、世界中どこを探してもないのではないかと思い始めていたからです。「この水に賭けてみたい」という思いが、日に日に強くなっていきました。

転機になったのは、筑波研究学園都市にある川田研究所の理学博士・川田　薫先生との出会いでした。ある大手スーパーの取締役をしていた高校時代の同級生から、水を使って原始生命を研究室内で誕生させ、ノーベル賞も夢ではないほどの研究をしている人がいると聞き、これは絶対に会わねばならないと思い、先生のもとを訪ねました。川田先生は、垂水の水について聞くなり、「これこそ原始の水だ」と絶賛しました。

水は雲から雨になって川として流れ、海に注ぎ込み、それが雲になって再び雨となるように循環しています。しかし、途中でいろいろな汚染物質が混ざり込んでいくため浄化しきれず、少しずつ水質は劣化していき、完全には元に戻りません。一方で垂水の温泉水は、約1000mもの地下で1万～3万年ほど眠っていたのでまったく汚染されていません。原始時代の水がそのまま地中深くに滞留していたものだというのです。

「だから原始の水であり、水質も味も素晴らしいのだ」という川田先生の言葉に、私は大きな自信を得ることができました。

しかも驚くべきことに、この川田先生の言葉はそれまで頑なに反対していた経理部長の態度も一変させました。専門家のお墨付きがいかに重要かを、身をもって体験した瞬間です。この日を境に、私は水に関する調査をさらに深めていきました。川田先生の著書をはじめ、数多くの文献から熱心に学び、日本だけでなく世界中の水について調べ上げました。そうした調査の過程で、垂水の水の素晴らしさを何度も再確認することになり、私の温泉水ビジネスへの情熱を揺るぎないものとしていきました。

水やミネラルの研究を続けた川田　薫博士（右）と著者

第2章

水はわざわざ買うものではなかった時代
目に見えない価値を
いかにして消費者に届けるか

水の都 垂水

私たちの会社がある鹿児島県垂水市は、鹿児島のシンボルである桜島の麓に位置する特別な場所です。この地は、のちに桜島を形成した姶良《あいら》カルデラなどの火山灰による独特のシラス台地を有しており、そこから世界でも希少な天然アルカリ温泉水が湧き出ています。そのため、垂水市は古くから「水の名所」として知られてきました。

垂水という地名の由来には深い歴史があります。垂水の名が記録に初めて現れるのは平安時代で、「1120年、上総介舜清《かずさのすけしゅんせい》が宇佐から下大隅に下向して垂水城を築き、ここにいること3年、蒲生に去る」と記されています。その後、1611年に垂水島津家4代久信が林之城（現・垂水小学校）を築城し、居城を移したのち廃城となりました。

この垂水城（荒崎城）の崖下に清水が垂れて出てきた溜水があり、それが辺り一帯の飲料水とされていたことから名付けられたとされています。ちなみに、上総介舜清のあとを継いだ島津藩の歴代のお殿様は、参勤交代の折に垂水から水を取り寄

たるみず飲む温泉水（温泉水取り扱い所）MAP

出典：垂水市

せ、京のお公家さんや江戸の将軍様にお土産として献上していたそうです。これは、垂水の水の質の高さと希少性を物語るものです。このように、垂水市の水は平安時代から現代まで900年以上にわたって、悠久の歴史を刻んできたのです。

垂水市の水は教育文化の発展にも寄与しています。1869年に創立され、2024年で156年目を迎える名門・垂水市立垂水小学校には、100年以上続く詩文集『わきいずる』があります。このタイトルは、垂水市内の各所で見られる湧水の様子を表現したものです。

垂水市では、温泉水が地場産業としても発展していて、温泉水を取り扱っている「たるみず飲む温泉水」は市内に9カ所もあり、それぞれに少しずつ特徴があってファンもいます。自分だけの一杯を見つけるのも楽しい体験です。

この垂水の温泉水の源になっていると思われるのが、垂水市の東に位置する高隈山です。この山は、日本山岳会により日本三百名山にも選定されている美しい山です。その麓には「猿ヶ城渓谷」があり、清らかで冷たい水が流れ落ち、所々に花崗岩《かこうがん》の奇岩・巨岩が連なる景観が楽しめます。垂水市街地からは車で約10分の場所に位置し、

たるみず飲む温泉水一覧表

温泉水名	取扱事業社名	取扱商品例（2020年7月現在）※
① 天然垂水	テイエム技研（株）	① 1Lリトルフィルムパック ② 500ml・1Lペットボトル
② 樵のわけ前1117	（株）桜島名水事業部	① 10L・20L箱 ② 500ml・900ml・2Lペットボトル
③ 寿鶴	（株）垂水温泉鶴田	① 12L・20L箱 ② 350ml・500ml・1L・2Lペットボトル
④ 美豊泉	（株）池田建設温泉事業部	① 12L・20L箱 ② 500ml・1L・2Lペットボトル
⑤ 財宝温泉	（株）財宝	① 10L・11L・20L箱 ② 500ml・2Lペットボトル
⑥ 潤命	尾迫産業（株）温泉部	① 11L・20L箱 ② 500ml・2Lペットボトル
⑦ 温泉水99	エスオーシー（株）	① 11.5L箱 ② 500ml・1.9Lペットボトル
⑧ 高隈霊泉	高隈ラジウム（株）	① 2Lペットボトル（ラドン注入の時間によって値段が異なります。）
⑨ 櫻岳	（株）櫻岳垂水工場	① 10L・20L箱 ② 500ml・2Lペットボトル

※商品の詳細や価格等については各事業社へお問い合わせください。

出典：垂水市

夏には涼と癒やしを求める多くの観光客でにぎわいます。

この清流が注ぐ錦江湾（鹿児島湾）では、ブリやカンパチの養殖漁業が盛んに行われており、それぞれ「ぶり大将」「海の桜勘《おうかん》」として、品質等が優れた魚「かごしまのさかな」ブランドに認定され、さらには「ぶり職人」というジャパンブランドとして欧米などに輸出もされています。

また、垂水市の温泉水は畜産業にも活用され、ブランド養豚「桜島美湯豚《さくらじまびゆうとん》」は、地下約1300mより発掘された天然温泉水と山の湧き水をブレンドした水で飼育されており、淡桃紅色で光沢の良い肉質やほどよい食感と香ばしい風味で大人気です。

さらに、垂水市の水はさまざまな特産品にも活かされていて、銘酒「森伊蔵」「八千代伝」をはじめとする芋焼酎や、温泉水を使用したお茶やコーヒーなどが製造され、多くの人に愛されています。

このように、温泉水が産業の発展や食文化の向上にも密接に関係し、垂水市は今もなお「水の都」として栄え続けています。垂水市の水は、単なる自然資源にとどまらず、地域の歴史、文化、産業、教育など、あらゆる面で重要な役割を果たしてきました。

温泉水と天然水の違い

一般的に認知されている天然水と温泉水には違いがあります。その違いを知ると、温泉水がいかに希少で体に良いものか理解できると思います。

天然水とは、特定の水源から採水した地下水を原水とする水のことを指します。農林水産省の「ミネラルウォーター類（容器入り飲用水）の品質表示ガイドライン」によると、天然水は「ナチュラルウォーター」と「ナチュラルミネラルウォーター」の2種類に分類されます。

ナチュラルウォーターは、沈殿、濾過、加熱殺菌以外の処理をしていない水のことであり、ナチュラルミネラルウォーターは、ナチュラルウォーターのうち、地層中のミネラルが溶け込んでいる地下水を原水としているものを指します。天然水という呼び方が使えるのは、これら2つの種類の水に限られるのです。

天然水の水源には、浅井戸水、深井戸水、湧水、鉱泉水、鉱水、伏流水、温泉水など、さまざまなものがあります。これらの水源は、深さや自噴の有無、温度、含まれるミネラル分によって特徴が異なります。例えば、深井戸水は地上から遠いため、地表からの影響を受けにくく、安全性が高くてミネラル分も多いという特徴があります。伏流水は川床の下に浸透して流れる水のことで、砂層などで濾過されるため水質が良いとされています。

ミネラルウォーターと天然水にも違いがあります。ミネラルウォーターは、天然水を原水としつつも、品質の安定のためにミネラル分などを加工・調整したものです。具体的には、複数水源のナチュラルミネラルウォーターの混合や、水を空気にさらして浄水する曝気《ばっき》、殺菌処理などが行われています。つまり、濾過や加熱殺菌以外の処理をしないのが天然水であるのに対し、それら以外の殺菌処理やミネラル分の加工、調整などを行うのがミネラルウォーターということになります。このように説明すると、天然水の安全性については気になるところですが、市販されている国内産天然水は、一般的に安全性が高いといえます。採水後に濾過や加熱殺菌などが行われているためです。加熱殺菌の場合、中心部の温度を85度以上で30分間加熱するのが基準とされており、ミネラルウォーター類に定められた成分規格による水質検査も実施されているので安心して飲むことができます。

留意する点とすれば、例えばヨーロッパの天然水は、採水したまま容器に詰めるため、殺菌処理が一切行われないということです。ヨーロッパでは原水本来の成分を変化させることが禁止されているからなのですが、水源の環境基準を厳格に定め、それによって水源の汚染を防止しているという背景があります。

ほかにも自然の湧き水については飲用に適さない場合もあるので注意が必要です。山間部などで見かける名水と称される湧き水は、水道法の適用外となっていることが多く、水質検査が行われていない可能性があります。湧き水は周辺地域や上流部の影響を受けやすく、野生動物による大腸菌の汚染、不法投棄による有害物質の汚染、地質由来の元素の汚染などのリスクがあります。

また、日本の天然水の特徴として、軟水が多いことが挙げられます。ヨーロッパで製造されるミネラルウォーターの多くはマグネシウムやカルシウムなどが多く含まれた硬水であるのに対し、日本のミネラルウォーターはほとんどが軟水です。とはいえ一口に軟水といってもそれぞれの硬度には違いがあるので、用途や好みに合わせて選ぶことが大切になってきます。

それに対して温泉（温泉水）とは、1948年に制定された温泉法によると、地中から湧出する温水、鉱水および水蒸気その他のガス（炭化水素を主成分とする天然ガスを除く）のことで、特定の温度または物質を有するものを指します。具体的には、温泉源から採取されるときの温度が摂氏25℃以上であるか、あるいは法律で定められた19種類の物質のうち少なくとも1つを含んでいることが温泉（温泉水）の条件となります。

これらの物質には、ガス性のものを除く溶存物質（総量1000㎎以上）、遊離炭酸（250㎎以上）、リチウムイオン（1㎎以上）、ストロンチウムイオン（10㎎以上）などが含まれ、さらに、バリウムイオン、総鉄イオン、第一マンガンイオン、臭素イオン、ヨウ素イオン、フッ素イオン、ヒ酸水素イオン、総硫黄、メタホウ酸、メタケイ酸、重炭酸ナトリウム、ラドン、ラジウム塩なども規定量以上含まれていれば温泉として認められます。

温泉につかると体が温まり、成分によって肌がきれいになったり、筋肉や内臓の機能が向上したりするなど、さまざまな効用が期待できます。また、温泉地に出かけることで心身ともにリラックスできるという二次的な効果もあります。

温泉水の利用方法も入浴だけではありません。飲泉、つまり温泉水を飲むという方法もあります。日本ではあまりなじみがないかもしれませんが、ヨーロッパ諸国では古くから飲泉が盛んに行われてきました。特にドイツやイタリアなどでは、温泉療養地が医療と密接に結びついています。

ヨーロッパの温泉地では、医師（温泉医）が患者の症状に合わせて処方箋を出し、それをたよりに、患者は園内を歩きながら飲泉カップに温泉水を少しずつ汲み入れ、飲んでまわるという療法があります。これは自然治癒力を引き出すというドイツ医療の考え方に基づいて行われています。

日本では飲泉と医療の関わりはそれほど深くありませんが、温泉水を飲むことで入浴するのと同じような効果があるとして健康に役立てている人もいます。

ただし、飲泉にも注意点があります。まず、飲泉ができるのは各都道府県から飲用の許可を得た温泉に限られるということ、入浴する温泉とは別に設けられた飲泉所などの温泉水を飲むようにすること、持病のある人や服用中の薬のある人は飲泉の前に主治医や温泉療法医に相談すること、清潔なコップを使用すること、温泉水は汲みたてをその場で飲み、持ち帰らないこと、15歳以下の子どもには飲泉させないこと、そして飲泉の量は適量を守ること、などが挙げられます。環境省が定めた「温泉利用基準（飲用利用基準）」に従い、飲泉所に掲示されている注意事項を必ず確認することが重要です。

最近では、実際に温泉地に行かなくても温泉水を楽しめるようになりました。ペットボトル入りの温泉水が販売されているからです。これらの商品はナチュラルミネラルウォーターとして位置づけられています。温泉水には人体に有害なものも含まれていることがあり、飲泉として保健所から許可されるものはごくわずかといわれています。しかし飲用を許可されたペットボトル入りの温泉水は、そのまま飲むのはもちろん、お茶やコーヒーを淹《い》れるときや料理を作るときにも使え、日常的に温泉水の恩恵を受けられます。つまり、温泉は入浴するだけでなく飲むことで、より多くの自然の恵みを手軽に体に取り入れることができるのです。

なぜ垂水の温泉は飲めるのか？

日本には数多くの温泉がありますが、飲用できる温泉はごく限られています。ではなぜ垂水の温泉水は飲用できるのか、という疑問に対しては、川田先生の著書『生き方を創造する生命科学：科学者がたどり着いた生命観』（たま出版）に掲載されている水の循環の話が非常に参考になります。

川田先生は同書で、地球上にある水は、すべて46億年前に地球が誕生したときから存在している「リサイクル品」であり、自然には自浄作用が備わっているため、人間が手を加えずとも本来は安全でおいしい水を飲めるはずだと述べています。しかし、現在では人間の活動が自然の許容範囲を超えるほど進み、汚染が広がっているため、上下水道や消毒などの浄化システムが必要になっていると指摘しています。

水循環の仕組み

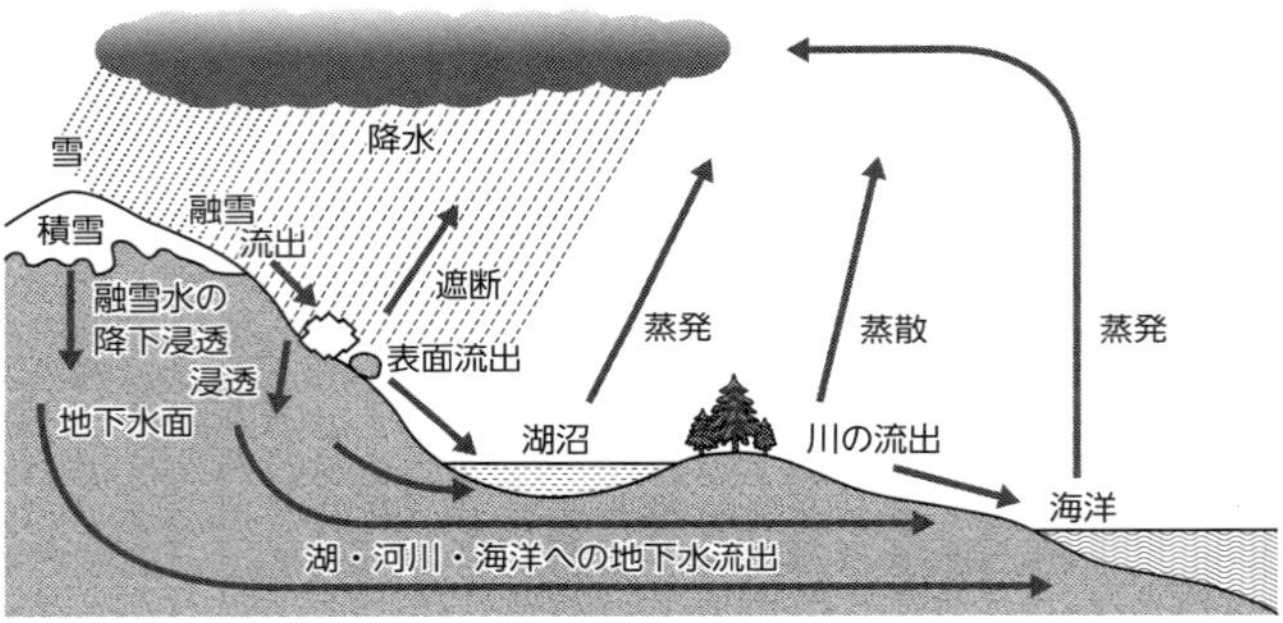

出典：MEGA科学大辞典（講談社）

垂水市は桜島の麓に位置し、その一面をシラス台地が覆っています。南九州では、このシラスと呼ばれる白っぽい地層が広く分布しているのが特徴です。シラスの正体は、火砕流堆積物と呼ばれるものです。

鹿児島のシラス台地は、約2万9000年前に姶良カルデラ（現在の桜島を含む）が巨大噴火を起こした際に形成されました。そのときの火砕流が火山周辺の低地に堆積し、わずか数日から数週間という短期間で今日見られるような地層を形成したのです。

シラス台地の特徴として、雨水の浸透性の高さがあります。平坦な台地に降った雨は、地下へゆっくりと浸透していくのですが、その過程でシラスが天然のフィルターの役割を果たし、非常に長い時間をかけて水を濾過していきます。これこそが「自浄作用」であり、台地の麓から湧き出る水は、驚くほど澄んでいます。

ちなみに、シラスは自身が持つ熱と圧密によって固まっているものの、中には無数の小さな隙間が存在し、これが雨水を溜める天然の貯水槽となり、長い時間をかけて少しずつ水を放出しています。このメカニズムのおかげで、鹿児島の河川は干ばつに見舞われても枯れることがほとんどないという特徴を持っています。

メディアや専門家も認める安全な水

シラス台地は単なる地形のことだけでなく、地域の水資源を支える重要な役割を果たしています。その安全性は、ある企業によるＰＦＡＳの調査でも明らかになりました。

ＰＦＡＳとは、１万種以上あるとされる有機フッ素化合物の総称で、その特徴的な性質から「永遠の化学物質」とも呼ばれています。自然界にはほとんど存在せず、分解されにくい性質を持ち、一度人体に入ると腎臓からも排出されづらく、臓器などに蓄積してしまう物質です。恐ろしいことに、仮に摂取を完全に止めたとしても、体内に取り込まれたPFAS量の95％を排出するのに、40年もの時間がかかるという試算もあるほどです。

PFASのなかで特に注目すべきは、パーフルオロオクタンスルホン酸（PFOS）とパーフルオロオクタン酸（PFOA）です。これらは有害性が高いとされ、国際条約の規制対象となっており、日本でも輸入や製造が禁止されています。これらの代替物質であるPFHxSも有害性が指摘され、製造・使用および輸入が禁止になりました。

WHO（世界保健機関）のがん専門機関であるIARC（国際がん研究機関）は、PFOAを発がん性物質として認定しました。健康リスクは多岐にわたり、腎臓がんをはじめ、脂質異常症、免疫不全、さらには胎児・乳児の発育低下なども懸念されています。驚くべきことに、このPFASは全国の河川や地下水だけでなく、防水スプレーや雨具、化粧品といった身近な品々にも潜んでいるのです。

第2章

水はわざわざ買うものではなかった時代
目に見えない価値をいかにして消費者に届けるか

2024年7月上旬、衝撃的なニュースが飛び込んできました。市販のミネラルウォーターから高濃度のPFASが検出されたという報道が、全国紙で相次いだのです。これを受けて、某週刊誌は大規模な調査を実施しました。ミネラルウォーターを扱う主要メーカー46社に質問状を送付し、PFASの濃度検査の有無、具体的な数値、最新の検査日や頻度について尋ね、結果を掲載しました。評価基準は次の通りです。

日本の水道水におけるPFASの「暫定目標値」（1Lあたり50ng）をクリアすると回答したメーカーの商品には「一ツ星」、アメリカの厳しい基準値（1Lあたり4ng）に近いと推察される回答のメーカーの商品には「二ツ星」、数値が低いだけでなく、検査日なども明示したメーカーの商品には「三ツ星」。回答を拒否、あるいはPFAS検査を未実施、または結果を非公表としたメーカーの商品には星なし。

某週刊誌の記事では、結果として「三ツ星」に値すると評価されたペットボトル入りのミネラルウォーターは、私の会社で販売している温泉水99を含む、たった5本のみでした。誌面ではPFAS問題に詳しい科学ジャーナリストが「1Lあたり5ng未満の検査結果だったと回答しています。これは検査の際、ほとんどPFASが出てこなかったと推定できますので、一定程度しっかり管理されたミネラルウォーターだと言える」とコメントしています。

垂水の温泉水はそれだけ安全性が高いということが分かり、私は温泉水がもつ可能性の大きさを確信しました。

まずは全国の売れている名水を調べた

私がこのビジネスを手掛けた当初は、水を仕入れて販売するだけ、という単純な事業計画だったため、立ち上げ資金もさほど必要なく、年が明けた１９９９年の初頭には早くも販売を開始することができました。

しかし、ただ単に水を売るだけでは面白くありません。本当に価値あるものとはどのようなものかを、お客様に知ってもらうことこそ商売の醍醐味です。そこで私はこれまで以上に日本中の名水を調べ上げ、水源まで足を運び、その特徴や品質を詳しく調査しました。

第2章

水はわざわざ買うものではなかった時代
目に見えない価値をいかにして消費者に届けるか

当時、垂水には11の温泉水メーカーがあり、それぞれ独自に井戸を持っていました。温泉自体の成分や味のほか、規模や売り方もメーカーごとで微妙に異なっていたため、それぞれの特色を探るべく調査を始めました。

特に注目したのは、垂水の最大手として名が挙がるメーカー「財宝」です。財宝温泉水は、pH8・9と高アルカリ性を誇り、硬度は1Lあたり4㎎という軟水で、とてもまろやかな味わいが特徴です。徹底した衛生管理システムのもと、厚生労働省が定める規格基準をクリアしており、PRの仕方も非常に優れていました。垂水といえば財宝、財宝といえば温泉水というイメージを確立することに成功していました。

「日田天領水」は、阿蘇山・久住など九州を代表する山々に囲まれた日田盆地で育まれた天然水です。長い年月をかけて形成された天然の地層フィルターを通ることで、きれいな水へと生まれ変わります。口当たりがまろやかな軟水で、自然豊かな山々のミネラルをたっぷり含んだおいしい水として知られています。モンドセレクション最高金賞をはじめ、iTQi優秀味覚賞（最高位の三ツ星）など国際的な賞を多数受賞しており、世界的にも味と品質を高く評価されています。

「関平鉱泉」は鹿児島県霧島市に位置し、その泉源は1832年に発見されました。約200年前から湯治場として利用されてきた歴史ある鉱泉です。関平鉱泉の特徴は軟水よりも多くの天然ミネラルを含み、飲みやすい「中硬水」である点です。天然シリカの含有量が1L中に155・0㎎と、世界トップクラスを誇っています。

これらの調査を通じて、水の知識を深め、自社製品の位置づけを明確にしていきました。しかも調べれば調べるほど、垂水の水の優位性が明らかになっていったのです。全国の名水はそのどれもが素晴らしく、それぞれユニークな特色を持っていますが、総合力ではやはり垂水が私のなかでは一番だと思うに至りました。

垂水の温泉水の特徴の第1は高アルカリ性だということです。東邦大学医療センター大橋病院栄養部は公式ブログで、肉や卵、穀類、砂糖など酸性食品に偏った食事は高カロリー、高脂肪で生活習慣病を引き起こす可能性があるため、アルカリ性食品をしっかりとることが大切だと解説しています。

垂水の温泉水の第2の特徴は超軟水であるということです。私たちが普段飲んでい

軟水と硬水の分類

種類		硬度
軟水	軟水	0～60mg/L未満
	中軟水	60～120mg/L未満
硬水	硬水	120～180mg/L未満
	超硬水	180mg/L以上

出典：水広場

る水は、その硬度によって「硬水」と「軟水」に分類されています。硬度というのは、水1Lあたりのカルシウムとマグネシウムの含有量で、WHOが定める基準では硬度120mg以上が硬水、120mg未満が軟水としています。日本ミネラルウォーター協会によると、水は化学構造上、アルコールなどと同じようにものの香りや味を引き出す力があるが、ミネラルの少ない軟水のほうがその力が強く、コーヒー、紅茶、緑茶やウイスキーなど、香りを大切にする飲み物には、軟水を用いたほうがおいしく淹れられるとしています。

超軟水である垂水の温泉水はアルカリ性が高く、お茶やお酒をおいしくするという特性を持ち合わせており、普通のミネラルウォーターとは一線を画しています。そして何よりも重要なのは、そのおいしさです。

この結果を受け、私はその品質や特徴を全面に押し出して

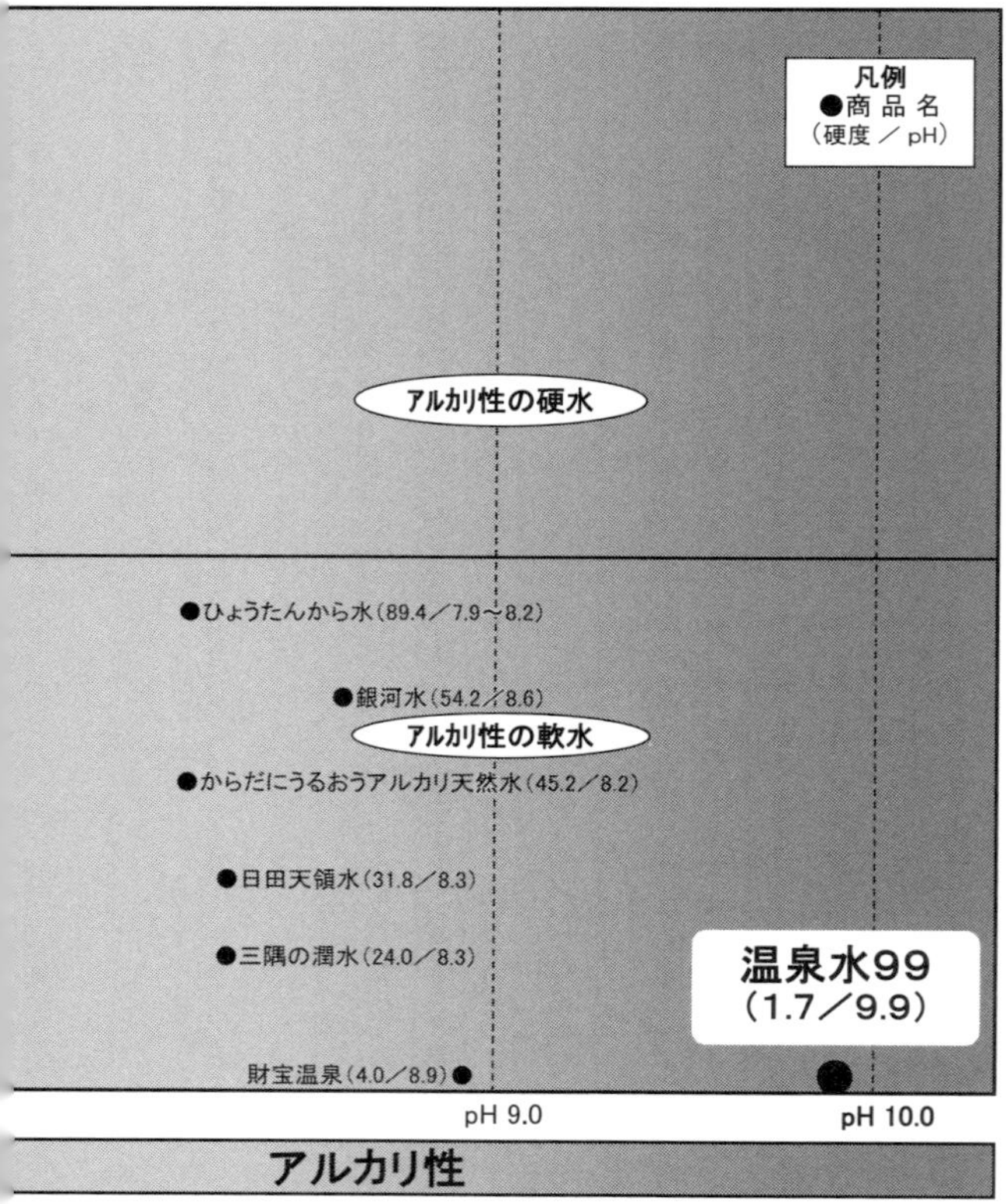
凡例
●商品名
（硬度／pH）
アルカリ性の硬水
●ひょうたんから水（89.4／7.9～8.2）
●銀河水（54.2／8.6）
アルカリ性の軟水
●からだにうるおうアルカリ天然水（45.2／8.2）
●日田天領水（31.8／8.3）
●三隅の潤水（24.0／8.3）
温泉水99
（1.7／9.9）
財宝温泉（4.0／8.9）●
pH 9.0
pH 10.0
アルカリ性

第2章

水はわざわざ買うものではなかった時代
目に見えない価値をいかにして消費者に届けるか

ミネラルウォーター各社の硬度・アルカリ性の比較図

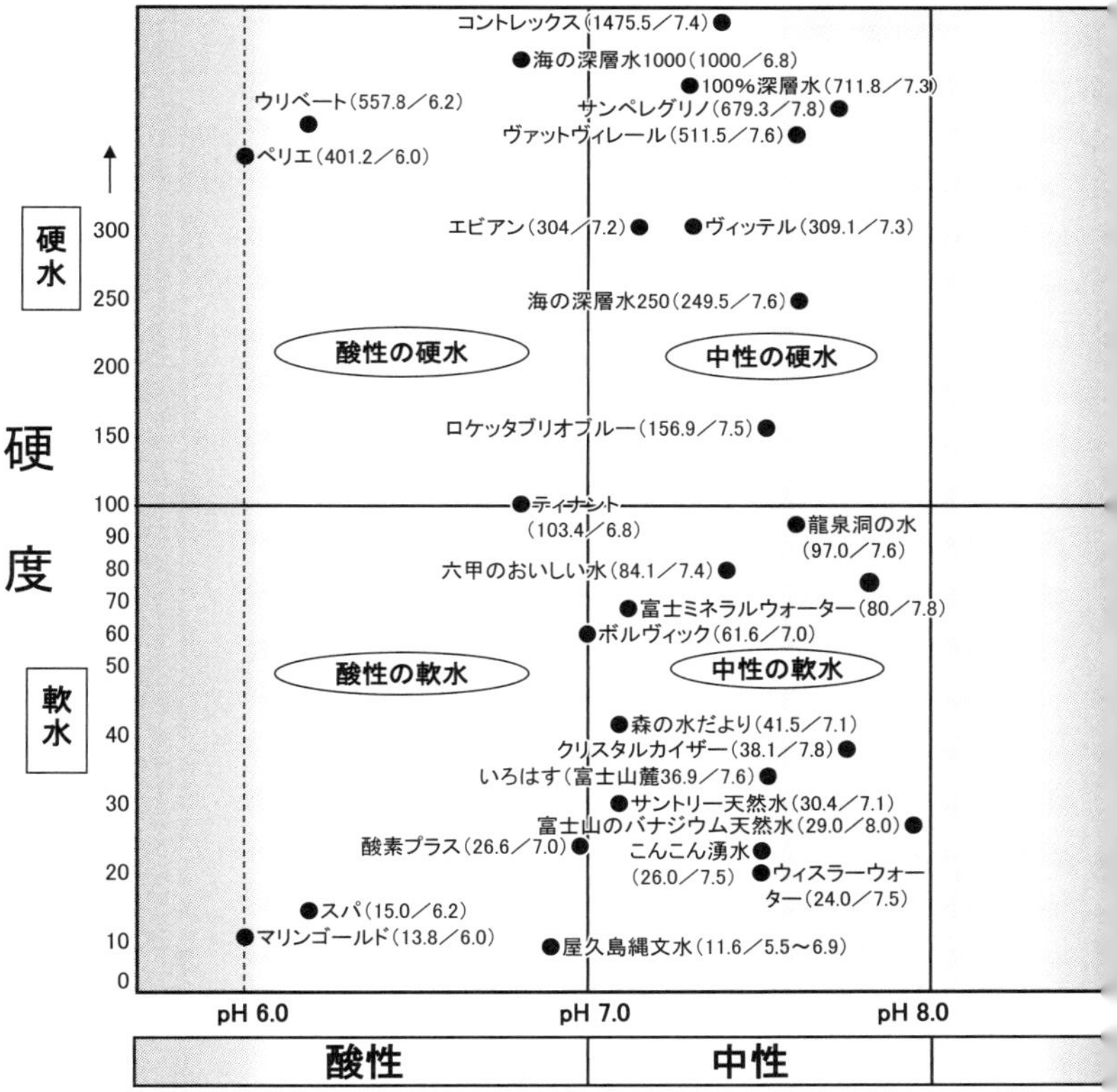

ミネラルウォーターBOOK（新星出版社2008年6月25日発行）などを基に独自作成

硬度（カルシウム、マグネシウム等）の値

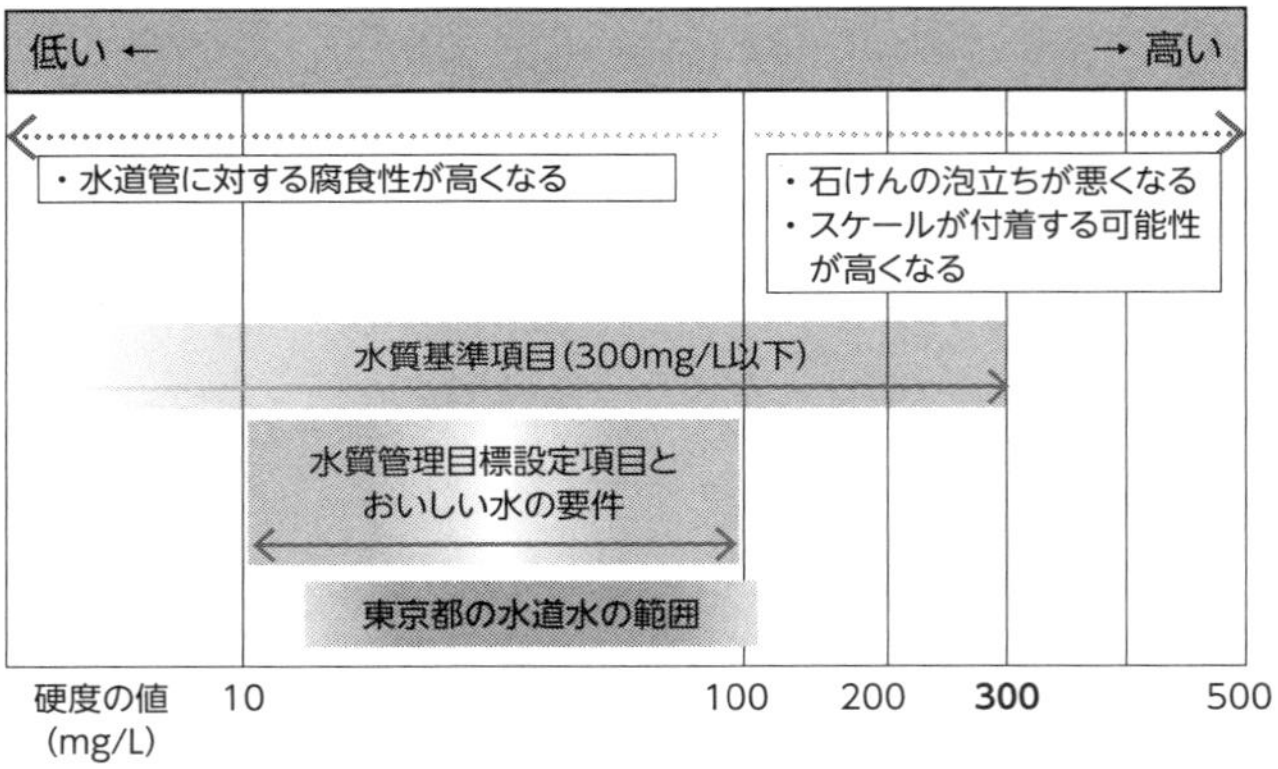

出典：東京都水道局

売っていこうと心に決めました。単なる商売上の戦略を超え、日本の水文化の素晴らしさを広め、多くの人々に健康で豊かな生活を提供したいと心から思ったのです。垂水の水は、長い年月をかけて自然が育んだ贈り物です。その恵みを一人でも多くの人々と分かち合いたいという願いが、根幹にあります。

第2章

水はわざわざ買うものではなかった時代
目に見えない価値をいかにして消費者に届けるか

水はわざわざ買うものじゃなかった当時

私たちは垂水の温泉水に絶対の自信を持っていましたが、当時はお金を出して水を買うという考え方自体が珍しく「なぜ水にお金をかける必要があるのか」という疑問の声が多く聞かれた時代でした。そのような環境の中で、垂水の温泉水のような高価格・高付加価値商品を市場に投入することは、ある意味でブルーオーシャン戦略ですが、同時にまったく新しい市場を開拓しなければなりません。

確かに味には絶対的な自信を持っていました。しかし、よくよく考えてみればおいしさだけでは高額な水を購入しようとする理由としては不十分です。そこで「体に良い」ということも同じくらい大切で、そうした付加価値があることでナショナルブランドより高い価格でも購入していただけるのではないかと私たちは考えました。

まずは体に良いことをアピールし、それをきっかけに手に取ってもらい、実際に飲んでおいしさを実感してもらう、というストーリーを頭に戦略を練りました。

具体的には、スーパーに商品を置いてもらい、まずは多くの人に知ってもらうことから始めようとしました。私は自分の会社を興す前に大手スーパーに勤めていたことがあり、多くのスーパー経営者と面識がありました。そのつながりを活用して商談を始めたところ、比較的容易に約１００店舗の取り扱いを決めることができました。一般的には、高い広告費をかけてお客様に知ってもらうことが多いなか、店舗販売で販促費をかけずに知ってもらえる場をつくれたのです。これは我ながら素晴らしい思いつきだと思いました。

順調な滑り出しかと思われましたが、これが予想に反してびっくりするほど売れませんでした。不思議に思い、店舗を巡回してみると、なんとあるはずの温泉水が店頭に1本も見当たりません。たまに置いてあったとしても、店の隅や階段の下といった目立たない場所に追いやられていました。なぜこんなことが起きているのか、原因を探ると、実は店頭の品ぞろえを適切に管理しているのは問屋だったということが分かりました。当時流行した問屋排除論に浅はかにも乗ってしまったのです。よくよく調べてみると流通の要である問屋こそ重要な役割を担っていたのです。スーパーにただ納品しても意味がないということを思い知らされました。

そこで急遽、方針を軌道修正してまずは問屋への営業に力を注ぐことにしました。ところがこれが思いのほか難航を極めたのです。小売業界とは違って、それまで問屋はまったく無縁の世界でした。担当者との面会すら叶《かな》わず、ようやく会えても「5分ですよ、5分だけ！」などのそっけない対応でした。私たちの水は特徴がたくさんあるので説明には最低でも30分は要するのに、たった5分では商談になりません。まさに八方塞がりです。私たちが「これは日本一の水です」と声高に主張しても、「みんなそう言うんだよ」とまったく相手にしてもらえません。

この窮地を打開すべく、暗中模索のなかでふと思いついたのは、もう一度スーパーの経営者たちの力を借りることでした。スーパーの経営者は多くの問屋と太いパイプを持っており、顧客という立場上、問屋に対して強い発言力を持っています。

「この商品はなかなかいい。うちで扱いたいから、よろしく頼む」

というスーパーの経営者の一言は、問屋にとって無視できない重みがあるのです。

こうして7、8人の経営者が問屋に働きかけてくれたおかげで、現状を打破することができたうえ、問屋としても1社のスーパーだけでは商売として効率が悪いので、問屋自らがほかのスーパーにも積極的に営業を展開してくれました。

人脈を活かし、仕組みを理解し、適切な戦略を立てることの重要性を、身をもって学びました。

見えない価値を伝える難しさ

私たちの商品は水ですが、当然ながら見た目は単なる透明な液体に過ぎません。そのため、その特徴や品質の良さを言葉だけで説明するには限界があります。通常、メーカーは多額の資金を投じて販促活動を行い、商品の認知度を高めていきます。しかし、私たちの会社には販促活動を行う資金がありませんでした。その場合、商談の際に商品をどのように伝えるかが重要になります。コネだけで納品しても売り場の良い位置に置いてもらえず、顧客にも勧めてもらえません。そこで私たちは、スーパーの仕入れ担当者にこの温泉水99の特徴や品質の良さを、一目で分かってもらえる実験を通じて視覚的

茶葉に常温の「温泉水99」と「水道水」を加えた直後の比較写真

に訴求することにしました。

最も印象的なものに茶葉を使った実験があります。茶葉を同量入れた透明な2つのコップを用意して、片方に水道水、もう片方に温泉水99を同時に加えます。すると、温泉水99のほうはみるみるうちに緑色に変化していくのです。これは、温泉水99が高いアルカリ性と超軟水であるため、浸透力と溶解力によって、お茶のエキスを瞬時に抽出していることを示しています。

さらに興味深いのは、テアニンという高級茶に含まれるうま味成分の量です。成分を分析した結果、私たちの温泉水99は水道水に比べてテアニンを4割も多く抽出していることがわかりました。つまり安価な茶葉でも温泉水99で淹れ

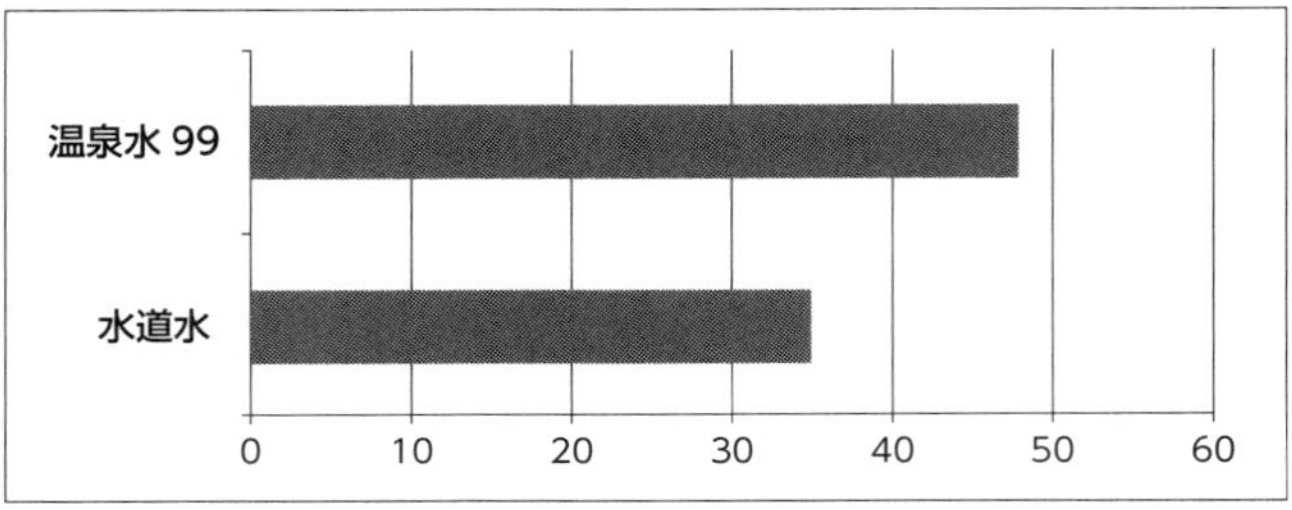

水出し1分後のテアニン量mg（100g当たり）

試験委託先：一般財団法人日本食品分析センター　試験番号：16089648002-0101号

れば、高級茶のような味わいを楽しむことができるということです。また、コーヒーを淹れたとき抽出されるポリフェノールの一種であるクロロゲン酸は抗酸化作用があり、生活習慣病の改善に役立つといわれていますが、テアニン同様に成分を分析した結果、温泉水99では水道水の約2倍も多く抽出されることが分かりました。

米研ぎも、見た目で結果がはっきりと分かる実験の一つだと思います。白米を入れた2つの器に温泉水と水道水をそれぞれ加えて撹拌《かくはん》します。すると、温泉水99のほうが水の白濁度が高く、黄色味を帯びていることがわかります。これは米粒表面についている余分なでんぷん質やぬか油などが効果的に取れ

白米とぎ実験

ていることを示しています。私たちの温泉水99はアルカリ性が高く超軟水であるため、米研ぎに使うと米粒表面のでんぷん質がほぐれ、米の芯まで浸透し、ご飯は真っ白でふっくらとおいしく炊き上がる、という実験です。

また、温泉水99は油とよく混ざるという特徴も持っています。この実験はゴマ油で行いました。常温の温泉水99と水道水それぞれ100㎖にゴマ油小さじ1杯を加え、よくシェイクしたあとの状態を比較します。その結果、水道水のほうはすぐに分離したのに対し、温泉水99のほうは白く乳化したままの状態を保ちました。このゴマ油

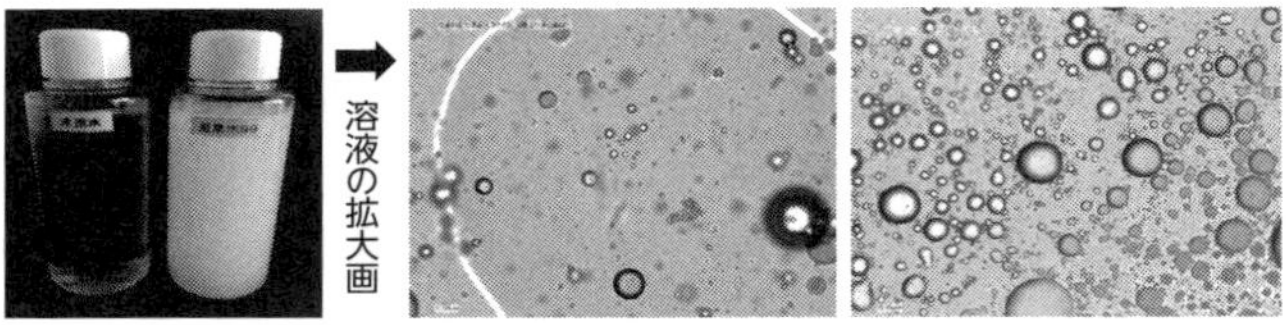

ゴマ油を加えシェイクしたあとの状態と、マイクロスコープ500倍拡大図（それぞれ左が水道水、右が温泉水99）

溶液を500倍のマイクロスコープで拡大してみると、温泉水99の溶液にはゴマ油の粒子がより多く溶け込み、かつ均質に分散されていることが確認されます。

これらの現象が起こる要因としてはまず、温泉水99が高アルカリ性（pH値9・5〜9・9）であり、超軟水であるということです。さらに、シリカ（ケイ素）を含むメタケイ酸も注目に値します。このメタケイ酸は温泉水99の特性に寄与していると考えられています。この3つの特性が相まって、温泉水99は油とよく混ざり合う特性を持つに至ったと考えられます。

また、高アルカリ性を活かしたおもしろい実験として、焼酎などのアルコール飲料を温泉水99で割る実験があります。通常、これらの酒類はpH5〜6程度の弱酸性ですが、私たちの温泉水99で割ると、なんと弱アルカリ性になるのです。これにより、アルコールのうま味成分が引き立ったと感じる人も多くい

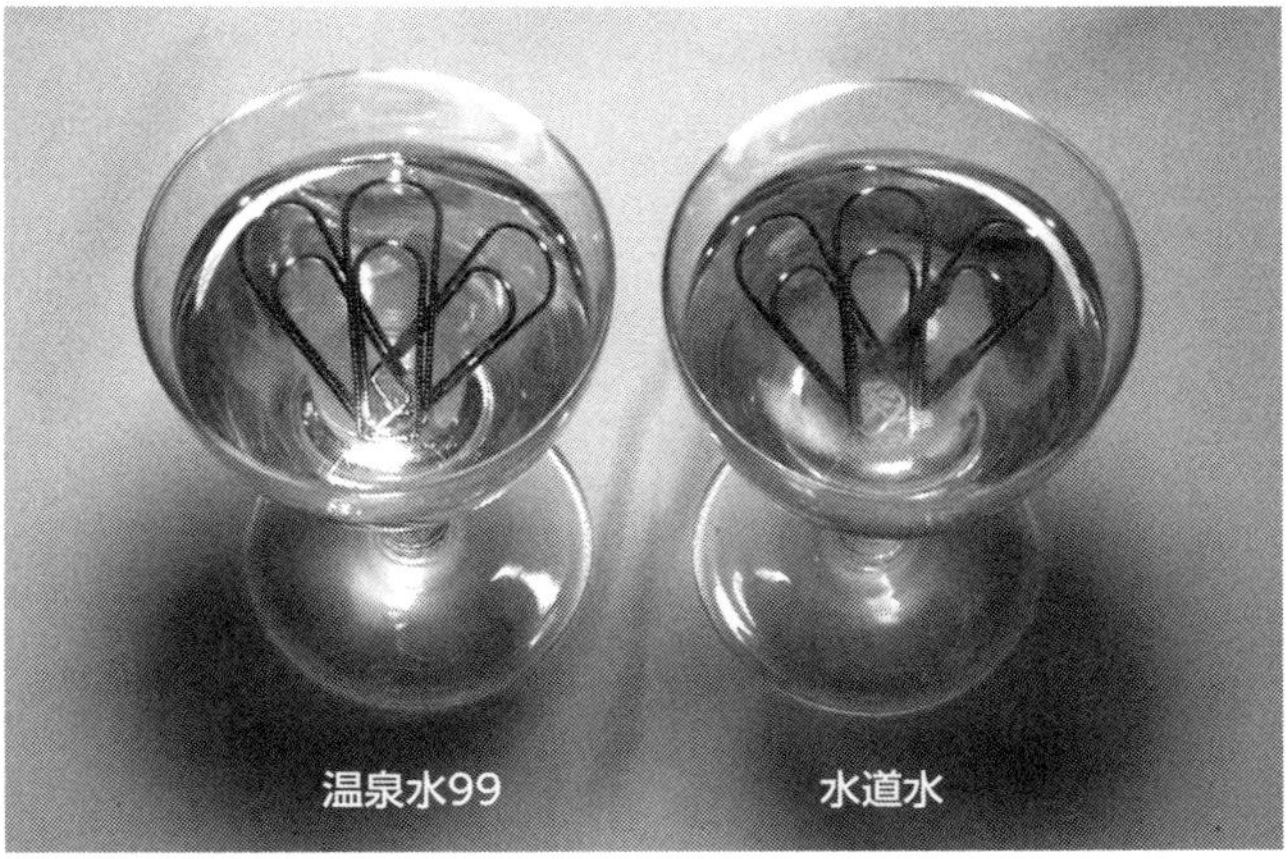

温泉水99と水道水に鉄のクリップを入れて数日放置した比較写真

るようです。

しかし、なんといってもピカイチなのは、鉄のクリップが錆びないということです。温泉水99の抗酸化作用を示す実験としては鉄のクリップを使った実験があります。水道水と温泉水99に鉄のクリップを入れ、数日放置します。すると水道水ではクリップが錆びてしまいますが、温泉水99ではほとんど錆びません。これは温泉水99が強い抗酸化作用を持っていることを示しています。

多くの物質にとって、酸化を防止するということほど大切なものはありません。その指標の一つとなるのが「酸化還元電位」です。酸化還元電位の低い水は、金属の酸化反応を抑制したり、体内においても活性酸素の働きを抑制したりする効果があるとされており、「還元水」ともいわれています。一般的に純水の酸化還元電位がプラス200〜250mV程度とされ、それより低い水が、還元性が高い（酸化還元電位が低い）水とされています。酸化還元電位はその水が空気に触れることで酸化が進み、時間経過とともにすぐに上がってしまいますが、温泉水99は汲み上げた直後の源泉でマイナス110mV、製品水においても密栓状態でプラス100mVと非常に低い値を維持しており、還元性（酸化を防止する効果）が高い水であることを示しています。ちなみに水道水の酸化還元電位はおよそプラス500mVです。

これらの実験を用いて、私たちは商談を進めていきました。スーパーやドラッグストアなどの取引先を新規に訪問する際には、必ず実験を見てもらうようにしています。10分から20分ほどの実験を見てもらうだけで、ほぼ100%の確率で取り扱ってもらえるようになりました。担当者たちは、目の前で起こる現象に驚き、商品の価値を理解してくれるのです。

実際の商談では、時間の制約もあるため、特徴がよく分かる実験を3つから4つ選んで見てもらったり、結果の画像を見せたりしています。資金力の乏しい私たちにとって苦肉の策で始めた実験でしたが、商品の品質を直接示すことができるこの方法は、非常に効果的でした。言葉で説明するだけでは信用されにくいことも、目で見て確認できることで、嘘ではないと納得してもらえます。ちなみに、これらの実験の多くはお客様からのフィードバックがヒントになっています。「この水で淹れたお茶はよく出る」「米を研いだら色が出た」といった声を、一つひとつ丁寧に拾い上げ、それを実験というかたちにしてプレゼンを作っていったのです。

最大の課題は商談のアポイントメントの時間を取ることでした。「たかが水なのに、なぜ30分も説明が必要なのか」と怪訝な顔をされることも多々あります。実際、30分の時間を割いてもらえれば、ほぼ100％の確率で採用してもらえましたが、その30分を取ること自体が非常に難しく、アポが取れれば採用、取れなければ門前払いのどちらかでした。

このようなプロセスを20年以上続けることで、私たちは豊富なノウハウやデータを蓄積することができたと思います。現在では、これらの実験がSNSを通じて広く拡散されています。また、YouTubeやInstagramなどで、大勢のお客様が私たちの温泉水99を使った実験を投稿し、拡散されています。

例えば、百円ショップで購入したスプレーボトルに私たちの温泉水99を入れ、化粧水として使用している投稿があるのですが、これは私たちの温泉水が油と混ざりやすく、浸透力が高いという特性を活かした使い方です。当初はスーパーや問屋の担当者たちに見てもらうために始めた実験が、今ではお客様自身がいろいろな使い方を考え、SNSに投稿することで多くの人への宣伝ツールになっています。これは非常にうれしい展開です。

商品の価値を正しく伝えるためには、その品質の高さと、それを目に見える形で示す工夫の両方が必要不可欠です。私たちは、この2つを追求し続けることで、ほかにはないオンリーワンの商品であるというイメージを確立することができたと思います。

順調だった温泉水の販路拡大

私たちの水ビジネスにおいて、個人のお客様の存在はとても大きな役割を果たしてくれました。販売当初、緑膿菌やレジオネラ菌を出してスーパーから全面撤退したあとも解約することなく、引き続き9割ほどのお客様が直接販売で商品を購入し続けていたからです。この方々がクチコミの最初の発信者になってくれたと、今でも感謝しております。この本を発行する決断をしたのは、その感謝の念を表したかったからです。その頃はまだEコマースが発達していない時代で、商品を直接お客様に販売するにはオペレーターを雇って電話営業を行ったり、新聞やテレビに高額な広告を出したりするほかすべはありませんでした。しかし私の会社は資金不足でとてもそんな方法はとれません。そこで苦肉の策として行ったのは商品に会社の電話番号や二次元バーコードを明記するということでした。一度、温泉水99を買っていただいたお客様と直接的なコミュニケーションをとることやホームページへ誘導することにより、商品の機能や特性をさらに知っていただくことで、リピーターになってくれるはずだと信じて行った策です。

販促費をかけずに、スーパーの店頭販売で温泉水99を知ってもらうというのは、実に画期的な思いつきでした。

その結果、スーパーで温泉水を買ったお客様から「わざわざ買いに行くのは面倒だから、届けてほしい」と、問い合わせをいただくことが多くなりました。高齢化や都会でのマンション等の高層化などの要因により、特に水のような重量のある商品の場合、ネットスーパーやカタログ通信販売を利用することで自宅に直接商品が届くというのは、お客様にとって利点はとても大きいものだったようです。そのうえ、スーパーのほうでも固定客が増えるという、WIN－WIN（ウィンウィン）の関係ができあがりました。

振り返ってみると、この戦略はお客様の裾野を広げ、事業拡大に大きく寄与したことは間違いありません。このように温泉水ビジネスの出だしは好調でしたが、その後、思わぬ大きな落とし穴が私たちを待ち構えていたのです。

第3章

経営が軌道に乗ったと思った直後に起きた、まさかの「商品回収」
再販を求める声に経営の再建を誓う

大規模な商品回収と経営危機

水ビジネスが順風満帆に見えた矢先、思わぬ事態が起こりました。2000年、仕入れ先2社の温泉水から5月と8月に連続して菌が検出されたのです。

検出された菌は、レジオネラ菌と緑膿菌でした。鹿児島県は、「菌はごくわずかで人体に害がある量ではない」としながらも、消費者に飲まないよう呼びかけ、製造会社に自主回収を求めました。

私は直ちに委託先の製造過程でどのようなことが起こったのか、徹底的に原因究明するよう努めました。調査の結果、原因は地下水そのものではなく、井戸から水を汲み上げるポンプや水をペットボトルに充填する機械などの整備不良であることが判明しました。仕入れ先がこれらの機械を適切に管理していなかったことが、菌検出の根本的な原因でした。

私は大きな衝撃を受けました。当時を振り返ると、水ビジネスに参入したばかりの私たちは、仕入れ先の管理体制まで細かくチェックする余裕がありませんでした。しかし、そのようなことを理由にしてはいけません。食品メーカーとして最も重要なのはお客様の健康と安全です。この事態は私たちにとって大きな教訓となりました。

私たちは死に物狂いで商品の回収にあたりました。人体に害がある量ではないとはいえ、食品メーカーとしては万が一の事故も許されません。

法人向けの商品は全て回収しましたが、個人消費者向けの商品は残念ながら全てを回収することはできませんでした。

お客様を健康被害の危険にさらしてしまったことで、私は深い自責の念に駆られました。

幸い、健康被害は一切報告されませんでしたが、私にとって安全管理とは何かを根本的に考えさせる大きな出来事でした。また、この出来事は当時の会社の経営にも大きな打撃を与えました。

すべての問屋が取り扱い中止

私の人生において最も試練に満ちた時期の一つ、私の会社の扱っている水から菌が検出された事件の衝撃は、これまで築き上げてきたビジネスの基盤を大きく揺るがしました。

当然ながら我々の信頼は地に落ち、31社もの問屋が一斉に取り扱いを中止するという事態に陥ったのです。当時を思い返すと、まさに奈落の底に突き落とされたような気分でした。

当時の営業部長が、涙ながらに問屋を回って謝罪する姿は、今でも鮮明に記憶に残っています。それも、一度ならず二度もです。私は経営者として深い責任を感じずにはいられませんでした。

個人のお客様のなかには、我々の失態を厳しく問いただす人もいました。ある若い女性は、謝罪に訪れた私をきっと睨《にら》みつけ、「信じていたのに」と一言投げつけてきたのです。その言葉は大きなトゲとなり、私の胸に突き刺さりました。その女性は、住んでいる家から見て、決して裕福とはいえませんでした。それでも、一般的なミネラルウォーターより高い私たちの温泉水99を選んでくれていたのです。私たちの水がいかに人々の生活に密着し、重要視されていたかを改めて認識し、責任の重さを痛感しました。

帰社後、私はその女性客に心からのお詫びの手紙を書きました。「私はとんでもないことをしてしまった。いつかあなたが言うような完全な商品を作ってお届けする」という約束を、単なる言葉ではなく、会社の存続をかけた誓いとして、その手紙に込めたのです。

この出来事は、私の会社に経営的な大打撃も与えました。売上は激減し、その後10年近くにわたって赤字経営を強いられたのです。資金繰りは急激に悪化し、毎日が綱渡りのような状態に陥りました。社員の給料はなんとか現状維持で支払うことができましたが、賞与は雀の涙ほどしか出せなくなりました。

私の給料は社員の誰よりも少なくなり、妻からは「家にほとんどお金がない」と言われる始末です。経営者としての責任と、一家の大黒柱としての役割の間で板挟みになり、苦悩の日々を送りました。

しかし、ここで諦めるわけにはいきません。投げ出してしまったら社員やその家族は路頭に迷います。私たちの水を信頼して購入し続けてくれているお客様を再び裏切ることにもなります。ここが人生の踏ん張りどきだと、耐え忍びました。

お客様のために自社生産を決意

私たちの温泉水から菌が検出されてからしばらくは、個人のお客様相手に細々と商売を続けるしかありませんでした。というのも、問屋は菌の出た水を扱ってくれなくなってしまったからです。確かに、検査は厳重になりましたが、それでも根本的な問題は解決していませんでした。たまたま菌が検出されなかっただけかもしれないという不安が常につきまとっていたのです。

そんななか、唯一の希望の光がありました。それは、茨城のあるスーパーでした。このスーパーは、私たちの温泉水99を継続して扱ってくれていたのです。その理由は、実に心を打つものでした。あるお客様が「私は喉の手術をしたからほかの水が飲めないのに、どうしてくれるんだ」とスーパーに訴えかけたそうです。そのお客様の切実な声を聞いて、スーパーは私たちの温泉水99をどうしても仕入れたいと言ってくれたのです。

この出来事は、私に大きな気づきを与えてくれました。実は、喉の手術をした人や、がん患者、特に喉頭がんの治療をしている人は、水をたくさん飲むことが難しくなるそうです。しかし、超軟水で体に刺激の少ない私たちの温泉水なら、するりと喉を通るので飲めると言う人が何人もいたのです。また、逆流性食道炎の人にも好評だったそうです。

これらの声を聞いて、私は「ちゃんとしたものを出さなければいけない」と決意を固めました。そして、「ちゃんとしたものを出せば売れる」とも確信しました。ここでいう「ちゃんとしたもの」とは、安全性の高いものです。

そのためには、もう二度と菌を出さないという覚悟と、それを実際のものにする検査・管理体制の確立が必要でした。つまり、自社工場を持つしかないということでした。しかし、それは容易なことではありません。管理と検査に力を入れれば入れるほど費用がかさみ、経営を圧迫します。しかし、私は「安全性の確保なくして、ビジネスの再建はない」という強い信念を持って、この新体制の構築に全力を注ぎました。

しかし、問屋やスーパーが我々の商品を再び扱ってくれるまでの道のりは、遠く険しいものでした。一度失った信頼はそう簡単には取り戻せないのです。

この窮地を支えてくれたのは、ほかでもない個人のお客様でした。個人のお客様の支えは、単に経済的な面だけでなく、精神的な支えにもなりました。お客様の変わらぬ支持は、我々の製品への自信を取り戻す大きな力となったのです。そして、同時に、この信頼に応えるためにも、より一層の品質向上と安全性の確保が必要だと強く感じました。

水源である井戸自体には問題がありません。問題だったのは、水を汲み上げてペットボトルに充填する機械設備でしたが、井戸の持ち主は設備の改修に消極的でした。そのため、私は自社で工場を建てるしかないと決意しました。お客様から「こんないい水はない」と言ってもらえているのですから、作れば絶対に売れるという確信がありました。

思えば、菌が出てお客様の信頼を一気に失ったことで、厳しい叱責を受けたり、逆に励ましの言葉をいただいたり、むしろ本腰を入れて商売に取り組む覚悟が生まれました。逆に何もないまま事業を続けていたら、もしかしたら今は別の事業をしていたかもしれません。そう考えると、これは一種の運命だったともいえます。

いずれにせよ、問屋やスーパーといった法人に売っていくには、完璧な製品を作らなければなりません。スーパーや百貨店は安全性にとても厳しく、そこに納めている問屋も、当然ながら厳しくチェックしています。安全基準を非常に厳しく自己管理している企業でなければ、スーパーや問屋に売ることができません。安全なものにするためには、新しい工場を作るしかなかったのです。

安全性を担保するためには、クリーンルームなど特別な設備が必要です。空気中には菌がたくさん存在しているため、通常の環境で充填すると菌が入ってしまいます。そのため、充填機内は限りなく無菌でなければなりません。また、高温充填も非常に重要です。１２０℃で約10秒間の加熱殺菌を行い、満水に充填して空気が中に入らないようにすることで、菌の混入を防ぎます。

これらの設備を整えるには、莫大《ばくだい》なお金がかかりますが、当時の私の会社には、そんな余裕はまったくありませんでした。それでも、私は腹をくくり、作らなければこの先に未来はないと思い決断したのです。

この決断は単なる経営判断ではなく、お客様の健康と信頼を守り、本当に良い製品を届け続けるための人生の決断でした。その後、困難は多々ありましたが、この決断は正しかったと考えています。

垂水でナンバーワンの井戸を手に入れろ

私は自社工場を建設するにあたって、どうせお金をかけるのなら、垂水でナンバーワンと見定めた井戸のある場所に建てたいと考えました。当時、ほかの井戸から菌が出た問題でその井戸も休眠状態に陥っていたのです。当時のミネラルウォーターの製造方法はまだまだ不完全で、あちこちで菌や異物が出て倒産や休眠状態になる会社が多数ありました。といっても、井戸自体に菌があるわけではなく、汲み上げや充填設備の衛生面に問題があったのです。

11ある井戸の中でその井戸が一番だと判断した理由は、その井戸のアルカリ性がほかのどの井戸と比べても非常に高いことです。垂水市内でも採水地によってpH値がまったく異なります。低いところでは8・1程度のところもありますが、この井戸（現在の第1工場）は9・9という驚異的な高さを誇っていました。これは垂水市内で最高レベルだといっても過言ではありません。

さらに、良かったのは、その温泉水の味わいです。おいしさに直結する要因としては、まず超軟水であることが挙げられますが、これも同じ垂水市内でも微妙に違いがあります。この井戸の温泉水の独特のミネラルバランスが、風味の良さにつながって非常に口当たりが柔らかいのです。

ちなみに、垂水の温泉水は、1万～3万年もの長い年月をかけて地下に滞留し、周囲のミネラルを全て溶かし込んでおり、体に良いミネラルは満遍なく含まれているにもかかわらず、体に有害なヒ素などのミネラルは含まれていないうえに、マグネシウムやカルシウムは少ないという絶妙なミネラルバランスを保っています。これこそが、垂水の水が特別である理由なのです。

垂水の中でも最高品質の井戸は3つしかなく、私が目をつけた井戸はその3つのうちの1つでした。他の2つは所有者に売却や貸与の意思がなかったため、私たちは唯一チャンスのあったこの井戸を狙うことに決めたのです。

しかし、多くの人が私の決断に反対しました。その井戸の持ち主は交渉相手としては、あまりに手ごわいという評判の人だったからです。

当時、水事業に手を出してみたものの、うまくいかない会社がいくつかありました。そのうち2社が、私たちに事業を売りたいと申し出てきました。もし彼らと契約すれば、話はすんなりとまとまったかもしれません。しかし、彼らの水は日本全体で見ればとても良質なものでしたが、垂水の基準でいえば一流とはいえませんでした。そこで私は、簡単な道を選ばず、最も交渉が困難だと思われた井戸の持ち主と話をつけることにしたのです。今から振り返れば、これは大正解でした。

しかし、そんな彼が思いがけなくも私たちに井戸を貸すことに同意してくれました。どこの馬の骨とも判らない私に、本当によく貸してくれたものだと感慨深く思います。そして、その恩義は決して忘れることはできません。彼が亡くなった今、息子さんの代になりましたが、なんとかして恩返しをしたいという思いで、いろいろと尽力しているところです。

実はこの井戸の持ち主は、私に貸す以前は某大手運輸会社に水を卸していました。この運輸会社は元々とある島の水を取り扱っていましたが、環境や人体に悪影響を与える硝酸態窒素が含まれていたために、その島の水事業から撤退し、代わりに垂水のこの井戸の水を仕入れて全国展開していました。ところが皮肉なことに、ここからも菌が検出されてしまったため、その運輸会社はまたしても水事業から撤退したのです。

井戸の温泉水はピカイチでも、井戸の持ち主に販売する力はありません。菌の混入によって販路を失ったその井戸は、約1年間、休眠状態に陥っていました。しかし、垂水の11の源泉の中でもトップクラスなのは間違いありません。交渉相手としては手ごわい相手でしたが、私はなんとか説得しようと試みました。

今から思えば、私には井戸を借りる資格などありませんでした。資金も乏しく、事業計画もはっきりしていなかったからです。それなのに、なぜ私に井戸を貸してくれたのか、その理由はしばらく分かりませんでした。しかし、親しくなってから聞いてみると、私の一生懸命さに心を打たれたと話してくれました。新しく工場を作ってまで温泉水を売ろうとする熱意に、「この人なら大丈夫だろう」と思ったと言ってくれたのです。

これまでに多くの人がこの井戸を借りたいと申し出たそうですが、その中で私が最も貧乏で、資金力がなかったはずです。それでも、私がいちばん熱心だったことで、垂水で一番の井戸を手に入れることができたのです。

このエピソードは、今でも古参の社員たちとの間では語り草です。「あのとき、諦めなくて本当に良かった」とみんなが口をそろえます。なぜなら、今では自信を持ってこの温泉水が垂水でナンバーワンだといえるからです。この素晴らしい水に出会えたことが、今の事業の成功につながっていると、誰もが確信しています。

たとえ難しい道であっても、本当に良いものを扱うことの重要性と、時には常識に逆らってでも自分の直感を信じることの大切さを、この経験を通じて私は学びました。そして、熱意と誠実さが、時として予想もしない扉を開くことがあるということも知ったのです。

第3章

経営が軌道に乗ったと思った直後に起きた、まさかの「商品回収」
再販を求める声に経営の再建を誓う

自社工場建設のための資金調達

垂水で最高の井戸を確保できたら、あとは万全の設備を備えた工場を建てるだけです。しかし、そこで大きな壁にぶつかりました。それはもちろん費用の壁です。

工場の建設費に必要な金額を試算したところ、なんと3億5000万円にも上りました。これは、当時の私たちにとっては途方もない数字で、手持ちのお金では到底足りません。以前やっていた別納割引の事業から毎月お金が入ってきていましたが、菌が検出されて以来、赤字を補填するためにほとんど消えてしまっていました。

このような状況でしたから、周りの誰も工場を作ることに賛成してくれませんでしたし、銀行からお金を借りるのも一苦労でした。数えきれないほどの金融機関に足を運びましたが、どの担当者も首を縦には振ってくれません。

そんななか、ついに政府系の金融機関の担当者が好感触を示してくれました。当時私の会社の本社は東京にあったので、都庁に行って経営革新事業としての承認のハンコをもらってくれれば貸せると言われたのです。

私は経理部長と2人で、東京都庁に10回以上通いました。しかし、都庁の担当者はなかなかハンコを押してくれませんでした。そんなある日、忘れもしない出来事が起こったのです。

私が1人で垂水へ来て用事を済まし、鹿児島空港に戻る路線バスに乗っているときのことです。下道で2時間くらいかかるこの道を、当時の私は何度も往復していました。その道中、都庁へ折衝にいっていた経理部長から、悲鳴のような声で電話がかかってきたのです。その電話の内容は、「都庁の担当者との話が決裂してしまい、ダメになった」というものでした。

理由を聞いてみると、提出した資料があまりにも出来が良かったからという理不尽なものでした。その経理部長は社員が何百人もいる大企業にいたことがあり、そうした書類を作るのはお手のものでした。社員が10人程度しかいない小さな会社が、完璧な書類を用意して窓口に出向くことは、普通ではあり得ないことだったようです。そのため、「これは本官に嘘をついている」と罵倒されてしまったわけです。

この話を聞いて、私は「これは大変なことになった」と思い、翌朝一番で都庁に向かいました。そして、「冗談じゃない！　あれは正真正銘うちの社員だ！」と強く主張したのです。必死に食い下がる私の言葉に、担当者もついに「本当だ」と信じてくれ、書類にハンコを押してくれるだけでなく、その書類を「できるだけ早く通してやる」とまで約束してくれたのです。そのときは思わず窓口で小躍りしたくなりました。ところが、「それで、いつ通してくれるのですか？」と聞いたら、「半年後だ」と言うので、再び私は「冗談じゃないですよ！」と食い下がりました。本当に役所の仕事はのんびりしています。

幸い、私の会社の書類は翌月には審査してもらえ、ハンコも無事もらうことができました。

しかし、ここからがまた大変でした。

都庁のハンコが押された書類を提出し、融資の話を進めるために、金融機関の人を垂水にお招きし、私の運転で案内しました。しかし、実際に垂水に来てみると、そこはのどかで自然豊かな田舎町です。あとになって聞いたことですが、「温泉水を扱っている会社はどこも家族経営規模の中小企業ばかりで、こんなところで本当にビジネスが成り立つのか」と、後部座席に座った二人の担当者はたちまち疑心暗鬼になってしまったのだそうです。

ところが、最後に垂水で最も成功している財宝の工場に案内すると、堂々と聳《そび》え立つ巨大なプラントを見て、温泉水はビジネスになることをようやく理解してくれたのです。そして、1億5000万円の貸付を約束してくれました。

しかし、ここでまた問題が発生しました。新工場で導入する機械を全て発注したあとになって、金融機関から突然「貸せなくなった」と連絡が来たのです。実は4月1日の年度変わりで、支店長と担当者が二人とも異動し、そのため融資計画が白紙になったと新しい担当者は言ってきました。

冗談ではない、約束が違うと私は怒りましたが、新しい担当者は木で鼻を括ったような対応で、にっちもさっちもいきません。仕方なく知り合いの弁護士にお願いして、最悪の場合は訴えるという強硬手段に出ることにしましたが、そう伝えても相手側はなかなか首を縦に振ってくれません。

そんなとき、私の母が亡くなったのです。失意のなか、故郷の長野県の火葬場の煙突から流れ出ている煙を呆然《ぼうぜん》と見ていると、経理部長から電話が入り、5000万円ならオーケーだと告げられたのです。1億5000万円から5000万円と、3分の1に減額されましたが、とにかく融資の話がついたのです。あれは今振り返ると、母からの最後のプレゼントだったに違いありません。

しかし、5000万円ではとても足りず、親族や親しい人の協力を得るなどしましたがとても足りません。建物や設備を買い取るのではなく借りることにして、なんとか乗り切りましたが、このときほど苦労したことはありません。この経験が私の会社を強くし、今日の成功につながったのだと感じています。

新工場を建てたけれど

第1工場をなんとか建設できたものの、その後も数々の試練が待ち受けており、その道のりは予想以上に厳しいものでした。

私たちは、今度こそお客様に良質な垂水の水を届けよう、と強い決意で新工場を稼働させましたが、次には異物混入という問題が発生しました。健康に害を及ぼすものではないものの、製造工程には改善の余地がありました。また、商品に貼付するラベルの表示についても、特性を強調したいがあまり誇張してしまい、消費者センターなどから指導を受けることとなったのです。今では、表示については、さまざまな機関の指導のもと消費者の誤解や混乱を招かないよう修正しています。

半年ほど経つと、良質で安全な水を安定的に生産できる自社一貫生産の体制がようやく確立しました。当時のスタッフは工場に5、6人、その他の事務や営業のスタッフが10人程度と、全体で15人ほどの小規模な体制でしたが、社員たちも慣れてきたのだと思います。

新しい自社工場で温泉水が製造できるようになれば、今度は本格的に流通に乗せなければなりません。しかし、問屋やスーパーの反応は決して良いものではありませんでした。なぜなら、かつて温泉水から菌が検出されたことで、取引先の信用を失っていたからです。自分たちで衛生面をすべて管理できるように建てた新工場の商品であっても、取引先からすぐに信頼してもらうことはできません。新工場を建てて自社で一貫生産しても「中身は変わらないのではないか」と懐疑的だったのです。当時、周りからは、私の会社はきっと潰れるに違いないと思われていましたし、私自身も倒産の恐怖に怯《おび》えていました。

しかし、スーパーなどの小売店に温泉水99を取り扱ってもらうために、問屋にお願いしたり、全国で開催される商品展示会にできるだけ参加したりして、温泉水99の販路拡大に努力してきました。なかでも、毎年2月に幕張メッセ国際展示場で開催される日本最大級の食品展示会であるスーパーマーケットトレードショーでは、千葉県に拠点をおく食品問屋の五味商店が長年、温泉水99の特設コーナーを設けてくれました。それらを通じてたくさんの食品小売店やその関係者の方々と出会えたことが、温泉水99の取扱店舗が年を経るごとに増えていった原動力となりました。

そして、私たちは無事に復活しました。それは何より、お客様のおかげです。以前から私たちの温泉水99のファンだったお客様が、スーパーに取り扱うよう要求してくれたのです。もし、私たちの商品と同じ品質の水がほかにあれば、お客様はそちらを買ったでしょうし、問屋もそちらと取引をしたと思います。しかし、私たちの温泉水99はほかの水には代え難い唯一無二、消費者にとってオンリーワンの水だったのです。オンリーワンの商品は強い――私は改めて思いました。

二度も菌を出してしまって絶対に潰れると思われていた私の会社が、そうはならなかったことは、今では食品業界の七不思議といわれています。それほど、私たちの復活は周りを驚かせたのです。

この試練の時期を経て、２００８年にようやく黒字化を達成したときの喜びは、言葉では表現し尽くせません。正直にいうと、それまではボーナス期が来るのは悩みの種でした。しかし、やっとのことで従業員たちには例年より大幅アップした賞与を支給でき、このときばかりは喜びがあふれました。「今年はたくさん賞与を出します。こんなにうれしいことはありません！」と全従業員の前で挨拶したことは、今でも鮮明に覚えています。

自社生産体制が生んだ競争優位性

私は長年ビジネスの世界で生きてきましたが、その中で最も重要だと感じたことの一つが、自社生産の価値です。振り返ってみれば、自社工場を建設し、完全自社生産に移行したことは、私の経営人生における大きな転換点でした。

自社生産に踏み切ったことで、私たちはビジネスの主導権を握ることができました。製造から販売まで、全てを自分たちで完結できるようになったのです。

この方式はＳＰＡと呼ばれています。日本語では「製造小売業」と訳されますが、最近では「６次産業」という言葉も使われています。１次産業（原材料の生産）、２次産業（製造）、３次産業（販売）をすべて掛け合わせると６になるからです。主にアパレル業界でメーカー自らが既存の卸売業者、小売業者に頼らず消費者に直接販売するショップを持つ業態として知られてきましたが、私は最初からこのＳＰＡの考え方を理想としていました。

SPAの一般的なメリットには、次のようなことがあります。まず「お客様ニーズの把握」が挙げられます。自社で商品を製造・販売することで、お客様の要望に合わせた商品を開発し、直接フィードバックを得られます。また、「迅速な商品開発」ができます。販売・在庫・顧客情報をサプライチェーン全体で共有できるため、お客様が求めているトレンドをすばやく企画・開発に反映できます。そして、「適時適量の生産」が可能となります。需要予測の精度が増すため、売れ行きに応じた機動的な生産調整ができるのです。

私が特に良かったと感じる点は付加価値商品としての「価格決定の主導権」を手に入れたことです。

私は常々、価格決定の主導権のない商売は絶対にやってはいけないと考えていました。しかし自社生産に移行してからは、私たちが例えば200円と決めたら、それが最終的な価格になりました。原則、値引きは行いません。ある大手問屋が「うちも扱うから190円にしてくれ」と言ってきたことがありましたが、私は絶対に譲歩しませんでした。なぜなら、それに応じてしまうと最初に取引してくれた問屋を裏切ることになってしまうからです。

支払いサイトについても、私は厳格な姿勢を貫きました。当時、私の会社の支払いサイトは45日でしたが、ある日本最大級の問屋が「うちも始めることにしたから、120日にしてくれないか」と言ってきたのです。私の会社では45日を譲りませんでした。あとから分かったことですが、仕入れ価格は担当者が決められるものの、支払いサイトは社長か取締役会の決裁事項だったそうです。その担当者にとっては、私たちのような小さな会社との取引を一々取締役会にかけるのは面倒だったので、一方的に支払いサイトについて要求してきたのだと思います。しかし私たちは良いものを作って、適正な価格で、多くの問屋に販売してもらいたいので、その会社にだけ特例を与えるわけにはいきません。結局、1年近くもかかってやっと問屋のほうが折れてくれました。

このように、自社生産に移行したことで、私たちは価格決定権を手に入れ、取引条件についても強い姿勢を貫くことができるようになりました。これは、ビジネスの自由度と収益性を大きく向上させる要因です。

もう一つ、自社工場を建てたことによる大きなメリットは「品質管理」です。これこそが、自社生産の最大のメリットだと私は考えています。自社で生産することで、製品の品質に対して責任を持つことができるというのは、メーカーにとってビジネスの根幹を成す重要な要素だからです。

私が温泉水ビジネスを始めた当初、自社で作るのではなく、他社から仕入れて販売していたのは、ある酒造メーカーを手本としていたからです。その会社はわずか30人から40人の従業員で、30億から50億円もの利益を上げていました。単純計算で1人1億円以上の稼ぎです。彼らは協力メーカーに製造を委託し、自社ではブランド管理と販売に特化することで、驚異的な生産効率性を確保していました。

私もそれをまねて、他社に製造を委託してみましたが、品質管理の難しさに直面しました。菌の混入などのトラブルに遭い、結局は自社で工場を作る決断に至ったのです。これらの経験を通じて、私は改めて品質管理の重要性を認識しました。どんなに効率的な生産体制を築いても、品質が伴わなければ意味がありません。自社で品質を管理することこそが、ビジネスの基本であり成功への近道なのです。

もちろん、自社生産への完全移行は決して容易な道のりではありませんでした。しかし、その決断が私たちのビジネスに大きな転換をもたらしたことは間違いありません。品質の向上、価格決定権の獲得、そして利益率の改善、これらは全て、自社生産という選択肢を選んだからこそ得られた成果なのです。

垂水への移住を決断した理由

私が垂水に移住したのは2008年頃のことです。本社の移転は少し前の2005年でしたが、私の住まいはまだ東京にありました。しかし、本社が鹿児島に移ってしまうと、住まいが東京にあることは、とても不便な状況になってしまいました。そこで私は、家族とともに垂水に引っ越すことにしたのです。

住まいと会社が離れていてはただ不便というだけの単純な理由だけではなく、それ以上に私を移住へと駆り立てたのは、垂水という土地への感謝と使命感です。私たちが垂水の温泉水を使って商売をさせてもらっている以上、その会社の社長である私も個人的に垂水に還元しなければならないと考えたのです。還元するとは、垂水で暮らし、垂水に税金を納めるということです。それを死ぬまで続ける、つまり垂水に骨を埋める覚悟で移住しました。

移住してみると、私の予想以上に垂水は非常に住みやすい街でした。特に素晴らしいのは、自然環境の豊かさと生活の質の高さです。例えば、近くには美しい景観が楽しめるゴルフ場があり、プレー代金も非常にリーズナブルです。このため、仕事の合間や週末に気軽に友人とゴルフを楽しむことができ、余暇を充実させる手助けとなっています。

さらに、猿ヶ城渓谷などの自然豊かなエリアも近く、年間を通じて釣りや山歩きを楽しむことができます。これにより、毎日の生活に自然との触れ合いを取り入れ、ストレス解消や健康維持に役立っています。特に自然に囲まれた環境での生活は、心身のリフレッシュや家族との時間を豊かにする助けとなります。私自身も山歩きのグループに参加し、地域の自然を深く楽しんでいます。そういった環境の良さもあって、東京から移住してくる人が少なくありません。

もしかしたら、私がここに移住していなければ、現在進めている第3工場の建設も実現しなかったかもしれません。なぜかというと、垂水に住むようになってから、地元の銀行や市役所、行政の人たちと親しくなる機会に恵まれ、垂水にかける私の思いを十分に伝えることができたからです。第3工場の建設費用の工面は、こうした地元の方々との結びつきがあってこそのことなのです。皆、地方の産業や企業を育てようという強い思いを持っており、その支援を受けることで、私たちのプロジェクトが実現に向けて動き出すことができたのです。

これがもし、私だけ東京にいて、片足だけ垂水においているような状況だったら、全面的には信用してくれなかったと思います。しっかり両足で垂水に根を張ったからこそ、大きな実を結んだのです。

垂水に会社を移した理由は、もう一つあります。それは、良い人材が集まるからです。もし、私の会社が東京に今もあったら、ここまで優秀な人材は集まらなかったと思います。というのも東京にはほかにもっと待遇が良くて、魅力的な会社が星の数ほどあるからです。ところが、垂水では企業そのものの数が多くありません。そのため、誠実に事業を運営していれば、優秀な人材が集まりやすいのです。彼らは本来地元で暮らしたいと考えているものの、働き口がないために都会に出ているのです。

また、土地が豊富にあることも地方の大きなメリットです。現在建設予定中の第3工場には2000坪という広大な敷地を考えていますが、これも土地が広くて安いからこそです。東京や千葉では、300坪の土地を手に入れるのも困難です。

このように、地方に立地する企業には多くのメリットがあり、熊本の半導体工場が注目を集めているのも、そういった理由があるからです。環境の良さやコスト面のメリットだけでなく、地域コミュニティとの深い関係構築や地方経済の活性化にも寄与します。私の経験からも、地方のポテンシャルを信じ、地域に根ざした活動をすることで、多くの恩恵を得ることができました。東京などの都会にばかり注目が集まりがちですが、地方の可能性にもっと注目してほしいと思います。

苦難の歴史を乗り越えて第2工場を建設

垂水に移住してから12年後の2020年に、第2工場を建設する運びとなりました。2002年に第1工場を建設してから18年後のことになります。まさに山あり谷ありでしたが、一歩一歩着実に前進してきたことで、その瞬間を迎えることができました。

新しい工場の建設にあたり、まず取り組んだのが水源の確保でした。第1工場から少し離れた高台に新しく井戸を掘ることにしたのです。もちろん、ただ闇雲に掘るわけにはいきません。そこで、垂水の水脈を細部にわたって調査することから始めました。その結果、第1工場がある付近が非常に優良だと判断し、専門業者に依頼して試掘を重ねることにしたのです。

正直なところ、井戸を掘るのはギャンブルに近いものがあります。当然、掘削にはかなりの費用がかかりますし、水が出るかどうかは蓋を開けてみなければわかりません。ですから、私は祈るような気持ちで作業の進捗を見守っていました。そして、幸運にも第1工場に劣らない最高の井戸を掘り当てることができたのです。このときは、心の底から安堵《あんど》しました。

新工場の建設資金については、複数の金融機関の協調融資という形で、非常に順調に進み、前年の8月20日には、総額10億円を超える融資決定の通知をもらいました。これは、第1工場建設時とは雲泥の差でした。当時は、都庁や金融関係に十数回も足を運んだり、プラントを発注したあとに融資額が5000万円に減額されたりと、苦労の連続だったので、今回の融資決定は、まさに隔世の感があります。

これは、ひとえに温泉水を多くのお客様が支持してくれたからであり、その思いを受けた社員が一丸となって努力してきた結果を、外部の第三者である金融機関が認めてくれたからにほかなりません。この評価は、私たちの進むべき道が間違っていなかったことを示す、大きな励みとなりました。

しかし第2工場建設にあたっては、社内から強い反対意見がありました。というのも、水を売り出してから20年近く経っても、まだまだ年間の売上高は10億円にも満たず、不安を抱えていたのです。高校の先輩の元経理部長が先頭に立っての大反対でした。「異常気象が頻繁に起こるようになった。もし大洪水に見舞われたら？」「もし桜島が大噴火したら？」「もし地震が起きて井戸のパイプが折れたら？」など、不可抗力で我々ではどうしようもない事態を心配する声が上がりました。さらには、「インフレどころかスタグフレーションになったら、売上は一体どうなるのか」「中台、韓国・北朝鮮の戦争だって起こるかもしれない」といった、経済や国際情勢に関する懸念も示されました。

なかでもこたえたのは、「80歳にもなる経営者が、このうえ10億円を超える大きな借金を背負ってどうするのだ。このままなら、安穏な生活が送られるのではないか」という諫言《かんげん》でした。確かに、私の年齢を考えれば、リスクを避けて安定を選ぶのも一つの選択肢かもしれません。

これらの反対意見はもっともな話で反論の余地もなく、確かに的を射たものですし、何より会社や私自身のことを真剣に考え、心配してくれての進言だったので、私は心から感謝しています。しかし第1工場だけでは生産能力が限界に達し、新規のお客様からの注文には、応じられなくなってしまいます。売上が伸びなければ社員の増員も難しく、企業としての成長が阻まれます。新たな設備投資を行わない場合、毎年一定の利益は上げることができるので、安全な状態ではあるかもしれませんが、結果的に、社内には停滞感が漂い、職場が活気を失ってしまいます。そもそも、私たちはなんのために働くのかというと、人生を楽しく過ごすためだと私は思います。そう考えれば、さまざまなリスクがあろうとも挑戦するしかない、と私は第2工場の建設を心に決めたのです。

幸いなことに、第2工場では、第1工場を稼働させたときのような異物混入やラベル表示の指摘といったトラブルは起こりませんでした。それどころか、順調な滑り出しで、初年度から売上130～140％という驚異的な伸びを記録することができたのです。これほどの成長率は、IT業界以外では、ほとんど例がないと思います。

また、第2工場で特に力を入れたのが衛生管理です。第1工場とは比べ物にならないほど最先端の機械設備を導入しました。

私たちの製品の源となるのは、地下750mから汲み上げる温泉水ですが、この水はまず源泉タンクに一時貯蔵され、その後、活性炭を通して温泉特有のにおいを軽減するという重要な工程を踏みます。

次に、水は120℃の蒸気で約10秒間殺菌されます。この工程が製品の安全性を保証するうえで極めて重要です。殺菌された水は、充填工程へと送られていきます。

また、私たちの工場では、ペットボトルも自社生産しています。これは私たちの工場の特徴ともいえます。小さなプリフォームと呼ばれる原料から、ブロー成形機でボトルを成形しています。この方法を採用した理由は、完成品のボトルを仕入れるよりも輸送効率が良く、環境負荷も低減できるからです。

充填工程では、高度な技術を駆使しています。ボトルは一列に並べられ、フィラーと呼ばれる機械で正確に計量されながら充填されます。各ボトルには流量計が取り付けられ、設定した量を確実に充填できるようになっています。

充填後には、ラベル貼付、キャップ締め、検査が行われます。特に検査工程には力を入れており、各段階に検査機器を設置しています。ラベルの位置、キャップの締まり具合、賞味期限の印字など、さまざまな項目を自動で検査しているのです。

品質管理については、私が特にこだわっている部分です。毎日朝一番でサンプルを抜き取り、一般細菌検査を行っています。私たちの基準は非常に厳しく、1つでも細菌が検出されれば出荷を停止します。これは業界水準をはるかに超える厳しさですが、過去の経験から、妥協は許されないと考えているのです。

また、味や色、異物混入のチェックも徹底しています。1日に4～6回、ランダムにサンプルを抜き取って検査を行うほか、従業員による定期的な味覚試験も実施しています。天然の温泉水を扱っているため、わずかな変化も見逃さない体制を整えているのです。

生産能力についてですが、現在2Lボトルで1日約5万本、500㎖ボトルで約7万本の生産が可能です。需要の高まりに応えるため、現在第3工場の建設も進めているところです。

私たちの工場全体を通じての特徴は、徹底した品質管理と効率化への取り組みです。人の目と最新の機械を組み合わせ、安全で高品質な製品を生み出すことに全力を尽くしています。同時に、天然の温泉水を扱う難しさも日々実感しています。

改善の努力に終わりはありません。品質管理の目標は常に「完全な商品を作ってお届けする」ことであり、そのためには絶え間ない努力と改善が欠かせません。私たちの品質管理は単なるチェックの作業にとどまらず、常に進化し続けることが求められているのです。

第3工場建設にあたっては、これまでの経験を活かし、さらに進化した品質管理体制を整えることに全力を尽くしています。これこそが、お客様への信頼を裏切らないための唯一の道であり、私たちが目指すべき理想であると信じています。

第4章

数々の試練を乗り越え、知れ渡る温泉水の魅力——大手コンビニチェーン店にも認められ販売開始

温泉水99開発の背景と狙い

温泉水ビジネスを始めた当初、私たちが最も重視していたのは「いかにお客様に認知してもらえるか」ということでした。市場に新しく参入するためには、まず消費者にしっかりと認識されることが必要だと考えたのです。そのため、商品名とデザインには非常にこだわりました。

私自身、商品名はただのラベルにとどまらず、消費者が一目で商品の内容を想像できるものであるべきだと考えていました。そのためには、商品の特徴や利点を端的に表現する名前が理想的だと考えたのです。そのため垂水の水の最大の特徴であるpH値が9・9であることから、直感的に「温泉水」と「99」という名前を思いつきました。

この名前に関してはほかの候補をほとんど考えず、一度思いつくとその名前に対する確信を持ちました。私は、消費者が商品名を見ただけで商品の品質や特長が伝わることを目指しており、その結果、この名称が最も適していると判断したのです。このように、商品名に対するこだわりとその背後にある思いを大切にしながら、マーケットでの認知を目指して努力しました。

ネーミングに至った背景には、あるエピソードがあります。中学3年生のとき、担任の先生が回虫駆除の薬に「デル」という名前を付けたと聞いて、「なんて素晴らしい発想だろう」と感心したのです。商品の効果と名前が一致している、このアイデアが私の心に深く刻まれました。世の中には、商品の内容と名前が必ずしも合致していない商品がたくさんあります。しかし、私たちは名前を見ただけで商品の特徴がおおよそ推測できるほうが、消費者にとってはよりわかりやすく、選びやすいと考えました。この経験から得た教訓をもとに、私たちの温泉水ビジネスにおいても、商品の名称がその特性を直感的に伝えるようにしたのです。

パッケージデザインにも細心の注意を払いました。銀色をベースに紫色を使用した、ほかに類を見ないデザインは店頭で非常に目立ちます。このフルパックのデザインは、ペットボトル商品としては珍しく、通常の商品棚に並べられたときにひときわ存在感を放ちます。この独特なネーミングとデザインの組み合わせが、お客様の目を引き、興味を抱かせる大きな要因となりました。

当時、温泉水という名の商品は世の中に存在していませんでした。そのため、「温泉水って飲めるの？」といった反応も一部にはありましたが、予想以上に抵抗感は少なかったように思います。むしろ「温泉水だから体にいいのではないか」と好意的に受け止めてもらえることのほうが多かったのです。

私たちは、温泉水の特性こそが全てだと考えていました。大手メーカーと同じような水では、今日まで生き残ることはできなかったと思います。そのため、温泉水99が持つ機能や品質の高さを丁寧に説明することに力を注ぎました。温泉水99という商品名と、その卓越した品質が私たちの全てだったのです。

販売戦略においては、食品問屋からお店へというルート一本に絞って営業活動を行いました。これは、「温泉水99はいいものだから、必ずその愛飲者はそのお店の固定客にもなるし、会社にも発注するようになるに違いない」という強い信念があったからです。そのため、他社がよく行うような電話営業やダイレクトメールなどは一切行わず、販促費もかけませんでした。

私たちがこだわったのは、店頭で「この水は温泉の水だから飲んでみよう」「アルカリ性の高さは日本一だから体に良さそう」といった商品の魅力を、自らの目で確かめて選んでくれるお客様を大切にすることでした。私たちは、テレビCMやセールストークに引かれて購入するお客様よりも、自分で商品の特徴を理解し、本当に価値を感じた人が末長く支持してくれると信じていたのです。

また、問屋からのさまざまな要請――値引き、販促協力、物流センターの使用料の負担、支払いサイトの延長など――にも原則応じませんでした。「取扱店のために値を崩さない」と言いながら、自ら値引きをしていたのでは話になりません。この姿勢を貫くことで、一時的には売上が伸び悩むこともありましたが、長期的には私たちの信念を理解し、支持してくれる取引先との強固な関係を築くことができました。

私たちがこのような難しい選択を続けられたのは、「高い商品であっても買ってくれるお客様に対して、完全な義務を果たす」という使命感があったからです。そのためには、経営を安定させ、「安定的継続的に良質な商品を提供すること」が私たちのミッションだと考えました。それによって、社員も安定した生活を得られるのです。

この方針は、時として取引を失う大きな犠牲を伴いました。売上という観点からすれば、短期的には損失を被ることも多々ありました。しかし、私たちはそれを耐えました。なぜなら、長期的な視点で見たとき、この姿勢こそが持続可能な成長につながると信じていたからです。

振り返ってみると、この独自の戦略が功を奏し、多くのお客様に支持されるブランドとなれたのだと感じています。時には周囲の理解が得られず、孤独を感じることもありましたが、自分たちの信念を曲げずに貫き通したことが、今日の成功につながったのだと確信しています。

愛されている理由が温泉水99の商品コンセプト

私は、温泉水99が多くの人に愛され続けている理由について考えてみました。そして、その本質には、大きく分けて3つの要素があることに気づきました。

第一に挙げられるのが、「おいしさ」です。これは、私たち人間の本能に直接訴えかける要素といえます。どんなに体に良いと分かっていても、まずければ毎日飲み続けることは難しいものです。特に、日々の生活に欠かせない飲料水となると、なおさらです。ですから、この「おいしさ」こそが、多くの人たちに温泉水99を選んでもらうきっかけになっているのだと思います。

しかしながら、ここで一つ疑問が浮かびます。温泉水は、ほかの有名ブランドの水と比べてかなり高価です。そのため「確かにおいしいけれど、そこまで贅沢《ぜいたく》する必要があるのだろうか」と考える人も中にはいるはずです。そんな気持ちを和らげてくれるのが、2つ目の要素である「機能性」です。

この「機能性」は、私たちの理性に訴えかけるもので、「健康のため」「美容のため」といった理由が、高価格でも購入する動機づけとなっています。つまり、おいしさという感覚的な魅力に加えて、理性的な判断材料も提供しているのです。

そして、3つ目の要素が「安心・安全」であることです。これはいうまでもなく、すべての食品に求められる絶対条件です。いくらおいしくて機能性が高くても、安全性が保証されていなければ、長く愛飲してもらうことはできません。

これら3つの要素を兼ね備えているからこそ、温泉水は時代を超えて愛され続けているのであり、結果として商品コンセプトになっているのです。

このようなオンリーワンの商品を作り上げるために、最も必要なものは「品質」だと考えています。だからこそ、私たちの温泉水99では品質にこだわり抜いています。

自社工場の建設を検討した際、最も交渉が難しいといわれていた井戸にこだわったのも、最高の品質にこだわったからです。大変な苦労の末、この井戸との契約にこぎつけましたが、これが、温泉水99の品質を決定づける重要な分岐点でした。もしほかの水源と契約していたら、同じ垂水の水であっても、私たちの温泉水とはまったく異なる商品になっていたはずです。簡単な道を選ばず、最高の品質を追求した決断が、今日の温泉水99を生み出したのです。

私たちの温泉水99には人為的な加工は一切施されていません。湧き出たままの水を、雑菌を取り込まないよう慎重にボトリングしているだけです。これこそが「ナチュラルミネラルウォーター」たる所以《ゆえん》です。

ミネラルウォーターの中には、電気分解してアルカリイオン水にしたり、ミネラルを一度取り除いて再添加したりしているものもありますが、そうした加工を施すと、もはや天然の水とはいえなくなってしまいます。

私たちの温泉水99は、そういった人為的な操作を一切行わず、天然のアルカリ水そのままの姿でお客様のもとに届けています。このように、品質へのこだわり、自然の恵みを最大限に活かす姿勢、そして妥協のない商品づくりが、温泉水99の魅力を支えていると私は考えています。毎日飲む水だからこそ、品質と安全性にこだわり抜く、そんな真摯な姿勢が、大切なのです。

温泉水99は、単なる水ではなく、おいしさ、機能性、安全性という3つの要素が見事に調和した唯一無二の商品です。時代が変わってもその価値が変わらない不易流行の商品ということを忘れず、これからの商品開発に活かしていきたいと考えています。

ただ、温泉水99の最大の欠点は、資源保護のためひとつの井戸に取水制限があり、大量生産ができないということです。それにここ垂水市は東京や大阪などの大消費地に遠く、そのうえ温泉水99は重いため非常に運搬費がかかるということです。

クチコミによる拡散とブランド認知度の向上

世の中の消費者に、広く訴えかけるにはテレビや新聞が効果的です。しかし、私たちの温泉水99には異なるアプローチが必要です。私たちの商品は、個々のニーズに応じて選ばれるものであり、そのためにはターゲットを絞った宣伝が不可欠です。インターネット通販やＳＮＳを活用し、特定のお客様にピンポイントでアプローチする重要性を、私は何度も強調してきました。

この点に関して、私は早い段階からデジタル戦略を意識しており、２０００年に、ホームページを立ち上げました。当時としては企業が独自のＷＥＢサイトを持つことは珍しいことでした。しかし、私たちの早期のＷＥＢサイト導入が時代の変化に柔軟に対応する基盤となり、のちの成功につながったと感じています。

「onsensui.com」というドメイン名は、私自身が２０００年に取得しました。まだ「.com」が一般的ではない時代に、「これは、これから流行る」と直感したのです。結果的に、この先見の明は功を奏しました。現在、海外営業を担当している社員が、このホームページを使って宣伝活動をしていますが、「onsensui.com」というドメインが海外でとても効果的だと報告してくれています。

効果的とは、簡単にいえば相手に認めてもらえるということです。つまり、このドメイン名が、私たちの製品の信頼性を裏付ける証明になっているのです。「温泉水」という名前と「onsensui.com」というドメインの組み合わせが、特に海外で高い評価を得ているのです。

このような私たちの戦略は、テレビCMのようなマス的なアプローチではなく、まさに水にこだわりのある特定の人にアプローチすることです。なぜそうするのかというと、私たちの温泉水99が、誰にでも売れる商品ではないからです。その値段の高さから、100人に1人、「確かにこの水はおいしい」と共感してくれる人にしか、販売できない水だからです。

インターネットを主な販売チャネルとして選んだのは、そうした特定のお客様層にピンポイントでアプローチしたかったからです。もちろんスーパーも大事な販売チャネルです。スーパーで温泉水99を手にしたお客様が、ブログやＳＮＳで情報発信してくれることで、インターネット販売の増加にもつながるという相乗効果もあります。スーパーの営業担当者からは、「私たちが一生懸命売れば売るほど、インターネット販売の成績まで良くなってしまう」という不満の声が上がったこともありましたが、私たちは「そのこだわりに共感してくれたお客様こそ、お店の固定客になるのです」と、訴え続けました。このスーパーとインターネットの両輪の販売チャネルがあってこそ、効果的な販売戦略が実現できていると考えています。

個人のお客様がインターネットを通じて注文し、自宅に配達してもらうというビジネスモデルは、今でこそ当たり前になっていますが、私たちはそうした時代の到来をいち早く予見し、準備を進めていました。

この仕組みを実現するために、私は専門知識を持つ人材を採用し、プロフェッショナルとして活躍してもらいました。その結果が、今日の販売実績につながっています。重要なのは、これが突然始めたことではなく、長期的な視野に立って準備を進めてきたということです。時代の先を読む先見性があったからこそ、より良い商品をお客様に届けることができているのだと私は信じています。

振り返ってみると、２０００年に「onsensui.com」というドメインを取得したことが、のちの発展への布石となりました。まず受け皿を作り、そこから少しずつ形を整えていきました。当初の自社製のホームページは非常にシンプルなものでしたが、商品紹介と電話注文の受付だけの時代としては画期的だったのです。

その後、外部の専門家に依頼してホームページの改善を重ね、最終的には社内にＷＥＢ担当者を迎え入れることで、本格的な展開が可能になりました。

人材の採用には苦労しましたが、優秀な人材を確保するために直接交渉を行い、その結果が現在につながっています。

このように、デジタルマーケティング戦略に対する早期の取り組みと、有能な人材の確保が、私たちの成長を支えてきました。

WEBショップ開設直後に奇跡が起こる

2006年にWEBショップを開設しました。2000年頃からホームページの整備などは行っていたのですが、本格的なカートシステムの導入を行ったのはこの年です。それまでの6年間は正直なところネットでの集客はほとんど行われていませんでした。ホームページの内容も、ただ水の紹介があるだけで、まるでスーパーのチラシのようなものです。お客様からの注文は電話で受け付けていました。電話受付のオペレーターが何百人も用意できるならそれでもいいのでしょうが、その頃の私の会社では予算的に不可能でした。なんとか人件費をかけずに注文を受け付けることはできないかと考えた結果、私たちはWEBショップの開設に踏み切ったのです。

まずは最低限のカートシステムを導入し、商品紹介も視覚的にわかりやすくしました。それまでは文字だけだったのですが、写真や画像を使って、アルカリ性やpHの違いがわかるような表なども追加しました。とにかく、見てすぐにわかるような仕組みづくりに力を入れたのです。

また、定期購入制度についても改善を加えました。それまでは定期購入のメリットが十分に伝わっていなかったので、購入後に定期の申し込みができるようにし、そのメリットをしっかりと列挙しました。例えば、毎回の注文の手間が省けることや、支払い方法の多様性なども強調しました。

次の段階として、SEO対策にも取り組みました。「温泉水」で検索したときに、上位に表示されるようにしたのです。さらに、ネット広告も活用することにし、「温泉水」だけでなく、「飲料水」や「ミネラルウォーター」といった、お客様が想定しそうなキーワードに対してもオンライン広告を出すようにしました。さらに予算のバランスを取りながら、認知度を上げつつ、具体的な購買につながるような戦略を立てました。例えば、バナー広告も使って、川の上流から下流まで、計画的に展開するといった具合です。

当時、SNSの普及が現在ほど進んでおらず、クチコミの影響も限定的だったため、温泉水の評判が急激に広まることはありませんでした。しかし、2006年には大きな転機が訪れました。関西の有名歌手でタレントのやしきたかじんさんが、テレビ番組で温泉水99を紹介してくれたのです。この出来事は、私たちのマーケティング戦略に大きな影響を与えることになりました。

たかじんさんは、「やっぱ好きやねん」などのヒット曲で知られるシンガーソングライターである一方で、歯に衣着せぬ物言いでテレビ司会者としても活躍し、「関西の視聴率男」の異名を取った方ですので、発言の影響力は相当なものがありました。温泉水99を紹介してくれたのは深夜の番組内だったのですが、翌朝担当者が会社に行くとサーバーがパンクしたのではないかと思うほどたくさんの注文があったのです。番組を見た人がそのまま温泉水99のWEBショップにアクセスしてくれたのです。

なぜたかじんさんの言葉が、これほどまでに影響力を発揮したかというと、それは、彼が「いいものはいい、悪いものは悪い」とはっきり言う人柄だったからだと私は思います。信頼できる人の紹介ほど購買意欲を刺激するものはありません。

実はたかじんさんも、行きつけの大阪・心斎橋の高級寿司店の店主からの紹介で温泉水99を知ることになったのです。その店主は痛風で悩んでいましたが、医師の甥に勧められた温泉水99を飲んだところ痛風が改善したというのです。そこで「この素晴らしい温泉水99をほかの人にも勧めたい」と、著名人40数人の常連客に温泉水99を送ったところ、その中にたかじんさんがいたのです。そのうち実際に注文をいただけたのは、たかじんさん一人でした。

たかじんさんは店主から送られてきたその水を飲んでみたところ、体調が良くなっていることに気づきます。それに感動し、テレビで「この水はいい」と宣伝してくれたというわけです。私の会社からは一切宣伝費用は支払っていません。それどころか、たかじんさんとは面識もありませんでした。テレビで紹介してくれたのは、自分が良いと思ったものを、多くの人たちに伝えたいという純粋な動機からでした。あとから知ったことですが、たかじんさんは「本音でものを言う人」との評判が定着しているようでした。そういう人の言葉だからこそ、ものすごい影響があったのだと思います。

この出来事を通じて、私はクチコミの力を実感しました。信頼できる人、影響力のある人の言葉は大金をかけた広告やテレビCMにも勝るという信念のもとに、クチコミを重視したマーケティング手法を、それ以降、積極的に取り入れるようになったのです。

こだわったパッケージデザイン

私たちの温泉水99のパッケージは非常に特徴的だといわれており、私もかなり気に入っています。それは、水のパッケージとは思えないほど個性的で、店頭に並んだ際の存在感は群を抜いています。

ペットボトルのパッケージは、正式にはラベルといいますが、そのラベルは主に2種類あります。1つはシュリンクラベル、もう1つはロールラベルです。シュリンクラベルは、工場内のラベラーでボトルにラベルを被せ、熱をかけて収縮させてボトルに装着するため、ラベル装着にあたっては一定の厚みが必要になります。一方、ロールラベルは、ペットボトルに巻くようにして貼り付けるため、ラベルを薄くできるのが特徴です。プラスチックの使用量も削減できます。

私たちの温泉水99は、シュリンクラベルの全面包装、つまりフルパック型を採用しています。これに対し、一般的なミネラルウォーターはロールラベルが主流です。最

フルパック型のラベルなら商品名を大きくデザインできる

初は私の会社でも細いロールラベルでしたが、スーパーの棚に並べてみると、どうも迫力に欠けると感じたのです。そのため、発売から約2年後に、現在のフルパック型のラベルに変更しました。

ところが、これが思わぬ波紋を呼ぶことになりました。問屋やスーパーの担当者に大不評だったのです。「おじんくさい」「ダサい」「若い女性が電車で持ち歩けない」など、散々な評価でした。

私たちの温泉水99を気に入ってくれた人のなかにも、ラベルについては評価してもらえず、「今のデザインじゃダメだ」とまで言う人がいました。大恩人のたかじんさんまで知り合いのデザイナーに頼んで、デザインをリニューアルし始めたのです。そこで私は試しに、これまでのラベルと、新しいデザインのラベル、両方を巻いて商品化し、スーパーや問屋に「どちらを並べてもらっても構いません」と送ったのですが、新しいデザインのパッケージはまったく売れませんでした。

一方、「おじんくさい」と不評だった既存のラベル（現在のラベル）は、いつの間にか世間に認知され売れるようになっていたのです。担当者に意見を求めても、ほとんどの人から今のままでいいと言われました。

実はこの結果を、私は内心予想していました。なぜなら、フルパック型のラベルには多くのメリットがあるからです。

まず、商品の特徴を書く部分が多く取れます。ロールラベル型だと、私たちの温泉水のたくさんの特徴を十分に書ききれません。フルパックなら、一面に大きく商品名を書いたうえで、しっかりと説明を書き込むことができます。ほかの水はそこまで説明することがないので、ロールラベル型で十分なのです。

主要なターゲットである女性のお客様に訴求するためPOPを貼付

また、銀色を基調としているのにも理由があります。太陽光線を避け、紫外線などの影響を軽減するためです。商品の劣化を抑える効果があると考えています。

商品名の紫色にも意味があります。私たちの温泉水をpH試験液で酸性かアルカリ性かの試験をすると、アルカリ性を示す紫色になります。そのため、パッケージの商品名にも紫色を採用したのです。

さらには、商品に貼っているPOPにもこだわりがあります。本来、ラベルだけだったのですが、それだと男性的な印象があり、女性が手に取りづらい雰囲気がありました。そこで色鮮やかなPOPを付けることで、女性でも気軽に手に取れるような雰囲気を演出したのです。その結果、女性のお客様が増えることになりました。このPOPは約10年前に一時的な集客キャンペーンとして始めたのですが、今では常時、全ての商品に付けています。

温泉水のパッケージは、一見するとただ突飛なデザインに見えるかもしれません。しかし、その裏には、私たちなりの考えと想いがあります。それも全て、より多くの人に手に取ってもらいたい、おいしく飲んでもらいたいという思いがあるからです。

商品の成功には単なる見た目だけでなく、その背後にある深い考えと想いが大きな役割を果たします。デザインやパッケージが消費者の心理やニーズにどう響くかを考え、実際に試行錯誤することで、より多くの方々に受け入れられる可能性が広がるのです。

おしゃれだから売れるとは限らない

プロのデザイナーなら、私たちの温泉水99のようなデザインは絶対に作らないと思います。だからこそ、最初のうちは「ダサい」「おじんくさい」「若い女性が電車で持ち歩けない」などと散々な評価を受けました。だからといって、プロにお願いしても、デザインは往々にして無難なものになりがちです。一度リニューアルしたときも、無難だからこそ、特徴がなく、売れなかったのです。私はこの経験により、商品が売れる理由について深く考えさせられました。単純におしゃれだからということではなく、商品の特徴をしっかりと伝えるパッケージデザインが重要だったのではないかと気づいたのです。

そう考えると、世の中の多くのブランドも同じような道筋をたどってきたのかもしれません。例えば、「伊勢丹」という名前を取り上げてみると、その名前が当初は少し珍しい、あるいは独特な印象を持たれていたかもしれません。しかし、伊勢丹という百貨店の評判が高まるにつれ、その名前自体もブランドとして認知されるようになりました。つまり、商品やサービスの質が評価されれば、それに付随する要素も同様に価値を持つようになるのです。

こうした現象は、私たちの身の回りでよく起こっています。むしろ、最初から洗練されたデザインや名前を追求するよりも、独自性や特徴を前面に押し出すことのほうが重要なのかもしれません。私自身、あまりにもきれいでスマートなものは避けるべきだと考えるようになりました。なぜなら、そういったものは世の中にあふれていて、特別な印象を与えにくく、人の心にも残らないからです。プロの仕事は往々にしてそうなりがちですが、それではほかとの差別化が難しくなってしまいます。

この考え方は、私の性格にも由来しています。私はどちらかというと変わり者で、常識にとらわれない発想を持っています。そのため、会社での出世には恵まれませんでしたが、それが逆に独自のブランディングにつながったのです。

例えば、私たちの温泉水99のパッケージを見てみると、ほかの競合商品とはまったく異なるデザインを採用しています。一般的な温泉水のイメージとはかけ離れていますが、それこそが私たちの個性となり、強みになっているのです。

よく「個性的」や「差別化」という言葉を耳にしますが、実際にはプロに任せきりでありふれたものになってしまうケースが多いです。しかし、私は少し変わったもののほうがよいと考えています。それが「オンリーワン戦略」につながるのです。

ただし、このアプローチは必ずしも大衆に支持されるわけではありません。むしろ、こだわりを持った一部の人たちに強く支持されるものです。大手企業のように、テレビや雑誌で大々的に宣伝できるわけではありませんから、小さな会社である私たちには、このような差別化戦略が不可欠なのです。まさに、これこそが「ピンポイント戦略」なのです。

確かに、一般的な視点から見れば、私たちのデザインはあか抜けない、もっとおしゃれなデザインができるのではないかと思われるかもしれません。しかし、これも私たちの狙いなのです。最大公約数的に受け入れられるような無難なデザインでは、真に刺さる層を見つけることはできません。むしろ、一部の人々に強く響くデザインこそが、私たちのような小さな会社が生き残るすべなのです。

このように、ブランディングや商品開発において、常識にとらわれない発想が重要だと私は考えています。それは時に理解されづらいかもしれませんが、独自の価値を生み出す鍵となるのです。

大々的な宣伝広報活動は行っていない

私たちの温泉水99は、これまでさまざまな雑誌やテレビで取り上げられてきましたが、実は記事広告を出したことはほとんどありません。なぜかといえば、単純に予算がなかったからなのです。しかし、だからといって雑誌などの媒体で、一切情報発信がなされていないわけではありません。芸能誌やファッション誌で、モデルさんやタレントさんが自分のお気に入りの商品を紹介する特集がよくありますが、私の会社の商品はそういった形で取り上げてもらうことが多いのです。

特に婦人雑誌では、先方から進んで取り上げてくれています。一般的に食品類は、安全性などの観点から慎重になることが多いようですが、私たちの温泉水99にはそうした心配は不要で信頼されているからなのだと思います。

有名人の影響も見逃せません。ユーチューバーやアイドルと呼ばれるタレントさんが自発的に私たちの温泉水99を愛飲し、発信してくれているのです。

第4章

数々の試練を乗り越え、知れ渡る温泉水の魅力――
大手コンビニチェーン店にも認められ販売開始

このような現象が起こる背景には、人には自分が飲んでおいしいものは誰かに教えたい、という純粋な気持ちがあるからだと思います。そして、このような流れを生み出す土台となったのが、私の会社がスーパーへ積極的に営業をかけていた時代から長年続けている、「まずは知ってもらう」ことを目的とした戦略です。過去10年ほど、この戦略を一貫して実施してきた効果が、ここ数年で開花していると実感しています。

メディアの変化についても触れる必要があります。ほんの30年ほど前には世の中には、雑誌やテレビなどのマスメディアしかありませんでした。雑誌やテレビの影響力は確かに大きいのですが、同時に限定的でもあります。

ところがSNSが登場し普及したことで、私の会社の広報戦略は大きく変化しました。特に、インフルエンサーマーケティングの導入が大きなターニングポイントとなりました。

それまでは、芸能人に商品を愛用してもらっても、せいぜい雑誌を読む人にしか情報が広がらず、その先への拡大には限界がありました。しかし、SNSの登場により、情報の拡散力が劇的に向上し、多くの人々に広がるようになったのです。

インフルエンサーマーケティングとは、主にSNS上で多くのフォロワーを持ち、大きな影響力を持つ「インフルエンサー」と呼ばれる人々を活用するマーケティング手法です。企業は、これらのインフルエンサーに自社の製品やサービスをPRしてもらうことで、クチコミを通じて消費者の行動に影響を与えることを目指しています。

従来型のマーケティングと比較してみますと、インフルエンサーマーケティングの特徴がより鮮明に浮かび上がってきます。従来の方法では、企業が直接消費者にメッセージを発信していましたが、インフルエンサーマーケティングでは、消費者の視点を取り入れた共感性の高いPRが可能となります。このアプローチにより、商品やブランドに対する認知度や購買意欲を効果的に高められるのです。

具体的な例を挙げてみると、人気ユーチューバーであるHIKAKINさんとユニクロのコラボ動画は、インフルエンサーマーケティングの好例だといえます。彼の、今や1000万人以上にも上るフォロワーに一度に情報を届けることができ、没入感のある魅力的なPRによって、商品への興味関心や購買意欲を大いに高めることに成功しています。

インフルエンサーマーケティングの市場規模も年々拡大しています。サイバー・バズ／デジタルインファクトが2022年に実施した調査によると、2022年のインフルエンサーマーケティング市場は615億円規模だったそうです。さらに興味深いことに、この市場は急速に成長しており、2025年には1021億円、2027年には2022年比で約2倍の1302億円規模に達する見込みだとのことです。また、SNSマーケティング全体の市場規模も、同じ調査によれば、2025年には1兆4000億円を超える規模になるとの試算結果が出ているのです。

このような急速な成長の背景には、新型コロナウイルスの影響によるオンラインシフトがあると考えられます。人々のSNS利用が増加したことで、消費者に寄り添いながらコミュニケーションができるインフルエンサーマーケティングへの注目と期待が一層高まっているのです。

このような特性を活かすべく、私たちはターゲット層に影響力のありそうなフォロワーを持つインフルエンサーを選び、私たちの温泉水99を無料で提供しました。

その際に、もしおいしくなかったり、期待した効果がなかったりしても、そのまま正直に書いてくれと依頼しました。いわゆる提灯《ちょうちん》記事ではなく、飲んだ感想を率直に書いてほしいということです。それは、ある意味賭けでもありました。ＳＮＳの拡散力は諸刃の剣ですから、悪い評判が広まったら、自分で自分の首を絞めることになります。火消しにも相当時間がかかることになります。しかし、私たちは自分たちの商品に絶対の自信を持っていたので、すぐにその不安は消えました。実際、この方法により、Instagram や YouTube などのＳＮＳを通じて、自然な形で商品の良い評判が広がっていきました。

インフルエンサーたちのリアルな感想が、私たちの温泉水99に対する信頼を築き、多くの人々にその魅力を伝えることができました。誠実さと透明性が最も強力なマーケティング手法です。率直な意見を受け入れ、正直に対応することで、ブランドに対する信頼を深め、長期的な成功を収めることができるのです。

第4章

数々の試練を乗り越え、知れ渡る温泉水の魅力——
大手コンビニチェーン店にも認められ販売開始

インフルエンサーの活用による売上拡大

ＳＮＳの登場以降、私たちの社会は大きく変化しました。特に芸能人ほどの一般的な知名度はないものの高い影響力を持つインフルエンサーの存在が、ここまで大きくなっていることは、10年前には想像すらできませんでした。彼らは自分のファンである〝フォロワー〟に対して強い発信力を持ち、自分が良いと思ったものを日常的に発信します。それが、商品やサービスの認知度向上には大きな影響を与えます。まさに「クチコミは強し」です。そんななかで、私たちの温泉水99がこのインフルエンサーマーケティングにうまく適合したのには、いくつかの理由があると考えています。

第一に、商品特性が挙げられます。私たちの温泉水99は、食や健康、美容といった、ＳＮＳインフルエンサーが関心を示しやすいジャンルに属しています。これは非常に重要なポイントだといえます。例えば、料理やコーヒー、お茶を紹介するのが好きなインフルエンサーがいれば、美容系や健康系のインフルエンサーもいます。私たちの温泉水99は、こうしたさまざまなジャンルのインフルエンサーの目に、魅力的でかつ手軽に紹介できる商品として映っているのです。

また、私たちのほうでも意識的にそういった分野に合わせていったところもあります。つまり、インフルエンサーの自己発信欲求にうまく合致するよう、商品の特性や魅力を前面に押し出す努力をしてきたのです。私たちには商品に対する絶対的な自信があるので、「使ってもらえれば分かる」という思いを込めて、積極的にサンプリングなども行ってきました。

さらに、温泉水99の魅力は若い女性層にも強く訴求します。インフルエンサーの多くが若い女性であることを考えると、ここでもうまくマッチングしたといえます。若い女性たちの興味や関心と、温泉水99の持つ特性がぴったりと合致したのです。

加えて、私たちの温泉水99には「新しさ」という要素があります。インフルエンサーたちには、すでに広く知られているものよりも、「知っているのは私だけかもしれない」と思える新鮮な商品を紹介したいという欲求があります。誰もが知っている商品ではなく、私たちの温泉水99のような新しい切り口を持つ商品に興味を示すのです。

その点で、ユニークなネーミングやパッケージデザインが、彼らの発信欲を刺激したのだと分析しています。

実際に、私たちは６００人以上のインフルエンサーに私たちの温泉水99を試飲してもらっています。彼らのフォロワー数を合計すると約１９００万人にも及びますが、これは大変な数字です。日本人のおよそ６人に１人が、インフルエンサーを通じて私たちの温泉水99を認知する可能性があるということを意味しています。こうした広範囲にわたる認知度の向上は、従来の広告手法では簡単には達成できないものです。

このインフルエンサーマーケティングの効果は、売上にも明確に表れています。個人向け販売だけを見ても、5年ほど連続で30％以上の売上増を記録しています。これは、ＳＮＳの広く浸透した２０１６年頃からの流れとも合致しています。ＳＮＳの普及とインフルエンサーマーケティングの効果が、温泉水99の売上増加に大きく貢献していることは明らかです。

しかし単にＳＮＳでの露出が増えただけでなく、それが実際の購買行動につながっているという点も重要です。ＷＥＢショップからの購入が増えているのはもちろんのこと、店舗での売上やスーパーでの売上も増加しています。SNSでの露出が増えれば増えるほど、あらゆる販売チャネルでの売上が伸びているのです。

さらに興味深いのは、顧客層の変化です。もともと温泉水99は中高年向けの商品でした。比較的高価格帯の商品ということもあり、主に経済的に余裕のある中高年層がターゲットでした。しかし、SNSでの露出増加により、状況が大きく変わりました。若い女優さんやインフルエンサーが温泉水99を紹介することで、20代、30代の若い女性からも絶大な支持を得るようになったのです。

これは非常に重要な変化です。なぜなら、20代、30代の女性は食品業界において最も重要な顧客層だからです。彼女たちが固定客になれば、50年、60年と長期にわたってお客様となる可能性があり、食品業界や外食業界では、この年齢層の女性を獲得することが非常に重要視されています。温泉水99が、まさにこの最も重要な顧客層から支持を得始めているということは、将来の持続的な成長につながる可能性を秘めています。

この変化は、販売チャネルにも影響を与えています。従来のスーパーに加え、コンビニや、若い女性向けの専門店でも取り扱いが増えています。例えば、原宿駅前のアットコスメストアでは、驚異的な販売実績を記録しました。これは、若い女性たちの間で温泉水99が人気を博していることを如実に示しています。

また、商品サイズによる販売傾向の違いも興味深い点です。500㎖サイズは主に外出時に飲用されるため、コンビニでよく売れています。一方、2Lサイズは家庭用として主にスーパーで売れています。このように、お客様のライフスタイルや購買シーンに合わせて、適切な販売チャネルと商品サイズを提供できているのも、売上増加の要因の一つだと考えています。

消費者発信のマーケティングは、問屋やスーパーの仕入れ担当者の態度にも変化をもたらしています。以前は私たちが説明に行っても、なかなか時間を割いてもらえませんでしたが、今では先方から「御社の温泉水99を扱いたい」と言ってきてくれるようになりました。説明の際も、30分どころか1時間でも熱心に話を聞いてくれるようになりました。これは、温泉水99が若い女性たちの支持を得ているという事実が、流通業界でも高く評価されているということを示しています。

そしてこうした成功体験は、営業部員に好影響を与えています。営業折衝が楽しくてたまらないようになり、それに伴って先方も明るく対応してくれるようになったのです。

このように、SNS時代のインフルエンサーマーケティングと温泉水99の特性が見事に合致し、若いお客様層の獲得に成功したことが、現在の好調な売上につながっていると分析しています。商品の特性、インフルエンサーの興味、若い女性たちの支持、そして流通業界の評価が相互に作用し合い、相乗効果を生み出しているのです。

健康志向のスーパー・コンビニの広まりが追い風に

私たちの温泉水99は、健康志向のスーパーやコンビニで多く取り扱われています。そこには明確な理由があります。

スーパーの商品に対する要求事項は、第一に「安心・安全」、第二に「機能（特性）」第三に「価格」です。お客様はまず「おいしさ」を重視し、そのうえで健康に良く、安心できる商品であれば、多少価格が高くても購入する傾向があります。この価値観が、私たちの温泉水99の商品コンセプトとぴったり合致しているのです。

また、近年、食品メーカーによる偽装問題が多く明らかになりましたが、表示に偽りを書くというのは消費者に対する裏切り行為です。食品メーカーと消費者は堅い信頼関係で結ばれていなければならず、商品やお客様に誠実に向き合う覚悟が保てないのであれば、食品の販売などしてはいけません。

私たちの温泉水99は、20代から40代の女性に支持されている健康志向の店舗で、特に高級志向の強いスーパーほど売れ行きが良い傾向にあります。これは、私たちが温泉水99のターゲット層を20代から40代の女性に設定していることにもぴったりと合致しています。

彼女たちが温泉水99に魅力を感じている理由は、中高年層が「長生きしたい」や「健康でいたい」という考えを中心にしているのとは少し異なります。主な理由は、その「おいしさ」にあります。温泉水99は超軟水のため飲みやすく、常温でも普通の水よりもたくさん飲むことができます。水がすっと体に入っていく感覚があるのです。

さらに、整腸作用があることも大きな魅力です。女性は便秘に悩む人が多いですが、温泉水99には整腸作用があり、便秘改善が期待できます。便秘を改善する方法として水をたくさん飲むことが挙げられますが、水道水ではなかなかたくさん飲むことはできません。その点、温泉水99は軟らかくて独自のミネラルバランスであるため、たくさん飲むことができ、なおかつ整腸作用もあるので、多くの女性の便秘改善に役立っています。

こうした魅力はクチコミで広がっていきます。健康効果というのは薬機法のルールがあり、マスメディアではなかなか大っぴらに言及できません。しかし、「使ってみたらこうだった」という使用者の感想なら問題ありません。むしろ、そうした実体験で効果を感じとった人たちのリアルな声で、評判は広がっていくのです。

そして何より、温泉水は体に良さそうで、美しく健康になれるというポジティブなイメージがあります。特に私たちは「体の中からきれいになりましょう」というメッセージを前面に打ち出しています。これは近年、インナービューティーというキーワードで若い女性の間で注目されている概念です。表面的なケアだけでなく、水を飲むことで体の内側から健康になり美しくなることができる、という考え方に共感してくれる人が増えているのです。

そもそも継続して飲むことができなければ摂取量も増えませんから、私たちとしても当然売上は伸びません。温泉水99が長期にわたって愛用されている理由は、まさにこの「おいしさ」と効果の両立にあるのです。

加えて、温泉水が天然であることにも大きな価値があります。現代では多くの商品が人工的に作られるようになっています。ダイヤモンドですら人工的に作ることができます。しかし、温泉水は決して人工的に作ることはできません。どんなに科学技術が発達しても、この水を人工的に再現することは不可能です。

テレビや飛行機、車など、多くの製品は代替品が作られる可能性がありますが、温泉水に代わるものはありません。この唯一無二の価値こそが、私たちの温泉水99の最大の強みなのです。

第5章

たかが水、
されど水一つで人生は変わる——
より多くの人々に
奇跡の温泉水を届けていく

数倍の規模で投資効率の良い工場を建てられるまでに成長

垂水に初めて訪れたときの思い出として今でも印象に残っていることがあります。それは、私の会社の社名と関係します。私の会社のSOCという名称は、「一隅を照らす」という言葉を英語にした「Shine On the Corner」の頭文字からきています。「一隅を照らす」は比叡山延暦寺の開祖最澄聖人の言葉で、私はこれを座右の銘としてきました。この「一隅」の「隅」と、垂水市がある大隅半島（桜島を挟んで右側の半島）の「隅」は、同じ漢字を用いているのです。この偶然の一致に、私は運命的なものを感じずにはいられませんでした。「隅」という字は日常生活ではあまり使用しない漢字です。それにもかかわらず、社名と大隅半島が同じ「隅」の字を共有しているのです。この偶然は、まるで私たちの会社と大隅半島との間に何か特別なつながりがあるかのようでした。

4年前に建設した第2工場は、営業マンたちの努力のおかげで、現在、商品の生産が需要に追いつかないほどの状況になっています。そのため、第3工場の建設が急務となっており、現在、全力を挙げてこの第3工場の建設計画を推進しているところです。

建設計画書を作成することとなりましたが、作成にあたっては、私は社員を信頼し、途中経過の書類を確認することはあえてしませんでした。完成した資料を初めて見たときは、想像以上にまとまった資料ができており、苦労をともにしてきた社員の成長に驚くとともに、うれしくもありました。そして、改めて第1工場を建設したときの苦労を思い出しました。あの頃は、1億5000万円の融資が受けられるか受けられないかの瀬戸際で右往左往していました。それが今では、総額30億円を超える融資をお願いできるようになりました。

第2工場の建設時には、投資効率が大幅に改善されました。第1工場の倍近くまで投資効率が向上しています。

さらに、建設資金についても、総額10億円を超える融資を受けることができ、順調に事が運びました。これは、会社が着実に力をつけてきたということの証しであり、私たち全員が一丸となって努力してきた結果を、外部の第三者である金融機関が認めてくれたということにほかなりません。

ちなみに、第3工場の建設費は前年の売上高の0・8倍程度で済むようになりました。第1工場の場合は前年の売上高の2・6倍、第2工場は1・5倍でしたので、今さらながらよく乗り越えてきたものだと思います。

この20年余りの歩みを振り返ると、一歩一歩着実に成長を遂げてきた私の会社の軌跡が鮮明に浮かび上がります。社名の由来となった「一隅を照らす」という言葉のように、私たちは自身の持ち場で精一杯努力を重ね、その結果が今日の発展につながっているのだと実感します。

企業はゴーイングコンサーンでなければならない

一見順調な第3工場の建設の道のりも、おそらくまったくの平坦ではないと思います。第3工場は、第1工場を取り壊して、隣接する土地と合わせて用地にする予定です。しかし、市場から求められている温泉水99の生産量と照らし合わせてみると、まだまだ手狭であることは否めません。さらに、第2工場設立時に直面した数々のリスク、つまり自然災害による突発的な損害というリスクも、解消されていません。これは、日本に工場を建設する以上、避けては通れない問題です。

この状況下で、立ち止まるべきか、それとも前進すべきか、私は幾度となく思案を重ねてきました。しかし、ここでやめてしまえば、第2工場建設時に抱いた「売上が伸びなければ、社内に停滞感が蔓延《まんえん》してしまう」という不安が、再び頭をもたげることになります。会社を経営する者、あるいはそこで働く者にとって、「停滞」「不振」「未達」ほど恐ろしい言葉はありません。

私はこれまで、従業員に「対前年比」の重要性を幾度となく強調してきました。資本主義とは、時に残酷で罪つくりな側面を持ち合わせています。永遠に前進し続けなければ、やがては倒産の憂き目を見ることになるのです。この現実を前に、私は第3工場の建設は、「やるしかない」という結論に至りました。

建設地について振り返ると、当初隣地は他人の所有物だったので、その取得は容易ではありませんでした。諸事情により、私たちが直接交渉に乗り出すことは不可能だったので、熟慮の末、金融機関に仲介をお願いすることにしました。しかし、話し合いはなかなか進展せず、やきもきした思いを抱えながらの毎日でした。

一年以上、一向に話が進展しないまま時が過ぎるなか、四苦八苦、悪戦苦闘、七転八倒の日々が続き、一時は諦めかけたこともありました。しかし、一年以上にもわたった話が、ようやく地主の家族会議でほぼ決定した、という報告を支店長から受けて、なんとか決着にこぎつけることができたのは、本当にありがたいことでした。

第2工場の負債が今なお残っており、新たに莫大な金額を捻出するのは、いくら売上が伸びているとはいえ、私たちにとって非常に大きな負担です。

さらに、未来は誰にも予測できないものであり、この先どのような困難が待ち受けているのか分からないなか、試練に挑むことの苦しみは相当なものだと思います。

それでも企業は「ゴーイングコンサーン」、つまり将来にわたって無期限に事業を継続させなければならない、というのが私の持論です。これを実践したのは、新一万円札の顔として知られる渋沢栄一です。私は渋沢栄一の著書『論語と算盤』を愛読してきました。

第5章

たかが水、されど水一つで人生は変わる——より多くの人々に奇跡の温泉水を届けていく

日本商工会議所元会頭の三村明夫氏は、渋沢栄一の功績について「481の企業を生み出し、そのうちの296社が現在も存続している。企業の平均寿命が30年といわれるなか、130年を経てなお61％の生存率を誇るというのは、実に驚くべきことだ」と語っています。

企業が生き残るためには、絶え間ない変革が必要不可欠です。そして、変革を遂げるためには投資が必要となります。さらに、果敢に挑戦する意欲と熱意も欠かせません。私たちは、第1工場建設の際にも、時に無謀とも思える難題に挑戦し、それを乗り越えてきました。

第2工場建設時にも、さまざまな反対意見がありました。その一つひとつの反対意見が、それぞれに理にかなっているという点に、経営の難しさがあるのです。今回の第3工場建設に際しても、第2工場のときと同様の反対意見が根強く残っているという事実が、大きな問題となっています。

しかし、私たちはこれらの障害を乗り越え、ゴーイングコンサーンを実現しなければなりません。渋沢栄一が創業した296社は、明治以来、この挑戦の固い意志をもって

2020年に稼働した第2工場

さまざまな障害を乗り越えてきたに違いありません。これらの企業は、まさに渋沢栄一の教えを守り、渋沢を師と仰ぎ続けたからこそ、今日まで存続し続けているのだと私は信じています。

少し話がそれますが、中小企業のオーナー社長には独裁的な人物が多いのが実情です。なかには、利益のためなら多少の裏切りや約束を破ることも厭《いと》わないという人もいて、そのような会社にいたたまれなくなり、私たちの会社に転職してくる人もいます。

私は以前から、国家でも企業のような組織でも、民主的な手法でなければ、真の成長は望めないと考えています。

例えば、2024年にノーベル経済学賞を受賞したアメリカのマサチューセッツ工科大学のダロン・アセモグル教授は、「一般的に、民主化された国はより速く、より平等に正しい方法で成長する」という分析をして、独裁国家に対する民主主義国の優位性を訴えています。

どんな大企業であっても、経営者が独裁的であれば、遅かれ早かれ衰退の時期は必ず訪れます。それはさまざまな意見や考えを幅広く耳にし、取り入れることができないからです。経営者だけの考えで経営を行った結果、一時的には急成長を遂げたとしても、正しい経営方針を貫かなければ、持続的な成長は望めません。

ある独裁的な企業の話を耳にしたことがあります。そこではナンバー3の幹部が社長に「本業以外の事業は控えたほうが良い」と進言したところ、翌日から出社を禁じられ、解雇されてしまったそうです。これは極端な例かもしれませんが、このような会社は決して珍しくなく、「良い指摘をしてくれた」と評価されることはまずありません。

私は、そのような会社は一時的には成長しても、頂点に達したあとは急速に衰退し、やがては歯止めが利かなくなると考えています。かつて私が勤めていた会社もそうでした。一般的に企業の平均寿命は30年といわれていますが、このような経営者が、企業の平均寿命を短くしているのです。

本音をいうとあと10年は会社を続けたいと考えています。現在85歳の私にとって、そこまで経営を続けるというのは、日清食品の創業者である安藤百福《ももふく》氏が代表取締役会長を退任した年齢（95歳）に近づくということです。私が引退したとしても、会社はその後も長く消費者とともに歩み続け、人々の健康に寄与するよう努めてほしいと願っています。

利益と地域貢献は相関関係にある

私は、日々の企業経営において深く考えさせられることがあります。それは、利益の追求や会社の存続と同等に重要な「地域との共生」という課題です。会社というものは地域の一部であり、地域があってこそ存在し得るものだと強く認識しています。そのため、会社の成長のためにも、地域にしっかりと根を張ることが不可欠だと考えています。

具体的にどのような取り組みが考えられるかというと、小さなことかもしれませんが、寄付や協賛金に協力することも大切な取り組みの一つです。東京に本社があった頃は、寄付や協賛金の依頼を一度も受けたことがありませんでした。ほかにも多くの企業があり、私の会社はその中に埋もれてしまっていたからです。しかし、現在の地域に移転してからは、驚くことに月に何回も依頼が寄せられています。この状況の変化は、私にとって非常に印象的でした。

このような状況のなかで、私たちの会社は数年前までは協賛金の額も控えめでしたが、現在では地域内で最も多額の協賛金を提供する企業の一つとなっています。これは、地域との関係性が深まったことの表れだと感じています。

さらに、地域との関わりは協賛金の提供だけにとどまりません。例えば、地域のスポーツ選手のバックアップにも力を入れています。具体的な事例を挙げますと、垂水の女性SUP（サップ）選手をサポートしています。SUPとは、スタンドアップパドルボード（Stand Up Paddleboard）の略で、ボードの上で立ってパドルをこいで水面を進んでいくアクティビティです。

彼女は高校2年生ながら、全日本SUPレース選手権大会で優秀な成績を収め、さらには国際大会にも出場を果たしました。競技歴わずか2年でのこの快挙は、私たちに大きな感動を与えてくれました。私たちの会社を含む地元企業のサポートにより、彼女は全国各地のレースに参戦しています。彼女のパドルには温泉水99の商品ロゴが貼られており、競技を通じて私たちの存在をアピールしてくれています。彼女の活躍は、地域の誇りであり、私たちにとっても大きな喜びです。

また、垂水市がある大隅半島唯一の国立大学で、オリンピックのメダリストも輩出している鹿屋体育大学の女子バスケットボール部は、毎年インカレの常連校で国内でも屈指の強豪校です。このチームの監督や選手が温泉水99の大ファンということをきっかけに、チームをサポートすることとなりました。ビジター用Tシャツに商品ロゴを付けてもらい、競技を通して私たちの商品を会場や遠征先のほかチームのサイトやSNSなどで広くアピールしてくれています。

地域との関わりはスポーツ支援だけにとどまりません。お祭りや花火大会、子ども食堂への支援、病院への寄付など、実に多岐にわたります。月に何回かの頻度でなんらかの依頼がありますが、このような状況を、私は非常にありがたいことだととらえています。なぜなら、これは私たちの会社が地域に根付き、信頼されている証しだと考えるからです。このような関わりを通して地域の繁栄をお手伝いできることは、私たちにとって大きな喜びであり、励みでもあります。

なぜ私たちがこれほどまで積極的に協賛金を出すことができるのかというと、なんといっても利益を出せてこられたからです。売上から諸経費を差し引いたあとに残る利益が多ければ多いほど、直接的な営業活動以外に資金を振り分けることができます。

ここで重要なのは、売上の規模ではなく、利益の大きさだということです。売上が小さくても、利益が十分にあれば地域に大きく貢献できるのです。

限られた資源であるがために、このような高価な商品にもかかわらず、多くのお客様に支持されています。

その理由は、商品の品質の高さとおいしさにあります。私たちは常に、商品の優れた点を発信し続けてきました。商品の特徴を感覚的に伝えるだけでなく、アルカリ性であることやアルコールとの相性の良さなど、科学的根拠に基づいた説明も行っています。これにより、他社との差別化を図り、高付加価値商品としての地位を確立しています。

私は、地域に貢献・還元するためにも、企業はしっかりと利益を出さなければならないと考えています。利益を出すにはほかにはない高付加価値の商品やサービスを、信念を持って実直に提供し続けるしか方法はありません。これを実践することが、企業と地域の共生を実現する道筋だと私は確信しています。

利益の先にある社会的使命

私たちの会社が地域に寄付や協賛をする理由は、第一に地域に貢献し、信頼を得たいという思いがあるからです。しかし、実はそれだけではなく、寄付や協賛を通じて、優秀な人材を引き付けることができるから、というのも理由の一つです。これは私たちにとって非常に重要な点であり、会社の成長戦略の一環でもあります。

東京では、私たちの会社は星の数ほどある中小企業の一つに過ぎませんが、垂水では一目おかれる存在です。地方は企業が少ないからというのがその理由ですが、だからこそしっかりとした経営を行っていれば、優秀な人材が集まってくるのです。ありがたいことに、垂水では「地域活動に積極的に協賛してくれる優良企業」として認識されるようになりました。このような評価は、長年にわたり温泉水99を購入し続けてくれているほかでもないお客様のおかげであり、私たちの誇りでもあります。

しかし、私たちは、影響力を垂水だけにとどまらせるつもりはありません。現在、半径50㎞圏から、数十人の社員が通勤しているほか、東京や大阪から移り住んできた社員もいます。今後も、もっと広い範囲から人材を集めたいと考えています。そのために、近年は大学での講演やテレビ、ラジオへの出演などの依頼があれば、積極的に受けるようにしています。これらの機会を通じて、私たちは会社の理念や取り組みを広く伝えることができるからです。同時に、潜在的な従業員候補に対して、私たちの会社の魅力をアピールする絶好の機会にもなるとも考えています。

しかし、ここまで私の会社が地域に認知されるようになったのは、第2工場建設前後のわずか5年ほどのことです。それまでは、ほとんど無名の存在でした。地域に根ざした企業として認められるまでには、多くの時間と努力が必要だったのです。しかし、一度その地位を確立すると、好循環が生まれます。これからは、さらに社会貢献の機会を増やしていこうと考えているので、より多くの人に私たちの会社のことを知ってもらえると期待しています。

ところで、東京と地方の就職事情や人材の質の違いについて、興味深い観点があります。多くの企業の採用担当者は、優秀な人材の絶対数は東京のほうが多いと考えています。だからこそ東京に本社がある企業だけでなく、地方の企業も東京を中心とする首都圏で採用活動を行っているのです。

確かに、人材の東京一極集中は、トップレベルの人材に関してはあてはまるかもしれません。なぜなら、東京には大手企業や有名企業が集まっているので、必然的に高い学歴や語学力など、いわゆるハイスペックな能力を持つ人材が集まるからです。しかし、平均的な能力、つまり「民度」については、東京も地方も同じだと私は考えています。私が考える民度とは、学歴や技能では測れない人間性や、地域への愛着など、より広い意味での人材の質を表しています。私たちのような中小企業にとって本当に必要なのは、大学の偏差値や語学力ではなく、こうした本質的な人間力です。私はそうした人材こそを求めており、実際の採用活動を通じて、東京と地方ではさほど遜色がないことを実感しています。

人材の面からも、一極集中は徐々に崩れつつあると私は肌で感じています。コロナ禍の影響もあり、東京や大阪から地方に転職したいと考える人が増えているのです。彼らは、都会の喧騒《けんそう》や高ストレスの環境から離れ、より自然豊かで落ち着いた環境で働くことを求めています。私の会社にもそのような人が数人、入社しています。彼らは、新しい視点や経験を会社にもたらし、大きな刺激となっています。

私たちの会社は、地域経済にとって重要な就職先となっています。単に雇用を提供するだけでなく、地域の人材流出を防ぎ、地域経済の活性化にも寄与しています。このような取り組みは地域の行政にとっても喜ばれることであり、行政と企業が協力し合うことで、より強固な地域社会を築くことができるのです。

一経営者としては、利益を上げて地域に貢献することの先にある、会社の社会的使命について考えざるを得ませんが、その一つは確実に採用です。新しい人材を採用し、育成することは、会社の未来を担保するだけでなく、地域の未来を担保することにもつながります。地域に優秀な人材がたくさんいることが、その地域全体の発展に寄与するのです。

しかし、それだけではありません。地方の文化を守ることも、企業の重要な使命だと考えています。近年、お祭りなどの文化行事が続けられなくなっている過疎の地域が増えていると聞きますが、文化は一度失われると取り戻すのは非常に困難です。地域の文化は、そこに住む人たちの生きがいです。その地域の人々のアイデンティティを形成し、生活に彩りを与えます。それが失われることは、地域に根付こうとする企業にとっても由々しき問題です。なぜなら、社員が心地よく住める環境づくりに影響するからです。地域の文化を豊かにすることで、都会に目を向けることなく、地元で楽しく暮らせるようになります。これは、単に会社の利益のためだけでなく、社員一人ひとりの幸福につながる重要な取り組みなのです。

それでも、地方と東京の格差について考えることがあります。東京に本社をおく企業が多いため、税収が東京に集中し、地方との格差が生まれています。この問題は、単に経済的な問題だけでなく、社会の構造的な問題でもあります。さらに、地方で育った若者が東京や大阪に流出してしまう「ブラックホール現象」も、深刻な問題です。

地方で生まれ育った若者たちが、高校や大学を卒業すると同時に都会に流出してしまうのは、地方にとっては大きな損失です。若い世代が減少することで、地域の活力が失われ、さらなる衰退を招く可能性があります。一方で、東京に集中した若者たちは、高い生活コストや厳しい労働環境にさらされることになりますが、このような状況は、日本全体の成長を阻害している要因の一つだと私は考えています。

そのため、私たちは本社を垂水においています。これは単にこうなったのではなく、意図的な選択です。地方に給与水準が高く、安定した経営を行う企業が増えれば、必ずしも若者が東京に集中することはなくなるはずだからです。

実際、東京や大阪から垂水に移住してきた社員たちは、のんびりとした環境で快適に暮らしています。彼らの多くは、垂水での生活に、都会での生活とは異なる魅力を感じており、自然豊かな環境、地域のつながり、そして仕事とプライベートのバランスをうまく取ることができています。社員にこうした環境を提供できているかどうかは、バランスシートなどの会計資料には表れませんが、優良企業かそうでないかを示す重要な指標だと私は思います。

日本には約336万社の中小企業があり、全企業数の99・7%を占めています。これは驚くべき数字です。つまり、日本の経済を支えているのは、大企業ではなく、私たちのような中小企業なのです。

これらの企業は、私たちの生活に密着した製品やサービスを提供しています。日々の暮らしの中で使う製品やサービスの多くが、実は中小企業によって提供されているのです。さらに、中小企業は約3310万人もの雇用を生み出し、日本の従業者の約7割が中小企業で働いています。

中小企業の役割は、単に雇用を支えることだけではありません。多くの中小企業は、先端技術の活用や地域資源の活用を通じて、日本の経済成長を牽引しています。例えば、世界市場で競争力を持つ技術を持つ「隠れたチャンピオン企業」の多くは、実は中小企業なのです。また、地域の伝統や特性を活かした商品やサービスを提供する企業も、その多くが中小企業です。

このように、中小企業は日本の経済と社会を支える重要な存在です。しかし、その重要性に比べ、中小企業の努力や貢献が正当に評価されているとは言い難い状況もあります。だからこそ、私たちのような中小企業が、積極的に地域貢献や社会貢献を行い、その存在価値を示していく必要があるのです。

私は、どんなに小さな企業でも、それぞれの地域で頑張ることで、その地域を盛り上げることができると思いますし、それこそが企業の最も重要な社会的使命だと考えています。利益を追求するだけでなく、地域とともに成長し、地域の人々の生活を豊かにすることが、真の意味での企業の成功だと信じて疑いません。

地方の活性化は、日本全体の活性化につながります。東京一極集中から脱却し、各地域が自立し、互いに刺激し合いながら成長していく日本の姿を、私は垂水で夢見ています。

生産性を高めるのは人間力

現在の日本が活気を失っている原因の一つは、地方の衰退にあると私は考えています。東京は確かに活気に満ちていますが、問題なのは活気があるのは東京だけだということです。それは日本全体にとって、好ましい状況とはいえません。東京一極集中は、いわばブラックホールが日本のど真ん中にあるようなもので、国全体の均衡ある発展を阻害しています。さらに、少子化問題が最も深刻な地域が東京であるという事態は、日本の将来にとって決して良い兆候とはいえません。

高い生産性を実現するというのは容易なことではありませんが、単純に売価を高く設定しているからだけではありません。高い売価でもお客様に受け入れられる仕組みを構築しているからです。これは、社員一人ひとりが主体的に考え、行動することで実現できていると考えています。

この点に関して、私は京セラや第二電電（現・ＫＤＤＩ）の創業者である鹿児島県出身の稲盛和夫氏の経営哲学に大いに影響を受けています。稲盛氏は、アメーバ経営という手法を提唱し、社員一人ひとりが生き生きと働ける環境づくりの重要性を説いていますが、私も稲盛氏の考え方に深く共感し、その考えを私の会社の経営にも取り入れています。社内のミーティングでも、稲盛氏の名前がしばしば話題に上がります。

稲盛氏は、人生や仕事の結果は「考え方」「熱意」「能力」という3つの要素の掛け算で決まるという理論を提唱しています。この中で特に重要なのが「考え方」、つまり人間としての正しい生き方や姿勢です。この理論は、単に利益を追求するだけでなく、人間性を高めることの重要性を説いているのです。

私は、このような経営哲学を実践することで、社員一人ひとりの能力を最大限に引き出し、高い生産性と働きがいのある職場環境を同時に実現できると確信しています。

この高い生産性と従業員の満足度を両立させる経営手法こそが、地方企業が生き残り、成長していくための鍵だと、私は考えています。そうすれば、中学校や高校を卒業した若者たちが地元に残ることを選択するようになると考えられるからです。単に利益を追求するだけでなく、従業員の幸福度を高め、地域社会に貢献することが、長期的な企業の成功につながるのです。

過疎地のメリットの享受とお返し

垂水に本社を移し、私自身も移住して、過疎地のメリットについて深く考えさせられました。一般的に、過疎地というと、デメリットばかりが注目されがちですが、企業経営の観点から見ると、非常に魅力的な側面があるのです。

まず、人件費に関して興味深い点があります。過疎地では、東京と比べて給与水準が全体的に低いのが現状です。しかし、これは逆にいえば、東京並みの給与を支払うことで、地域内で最高の待遇を提供できるということになります。その結果、地域の優秀な人材を集めることができます。

さらに、土地の問題についても大きなメリットがあります。過疎地では土地代が安いため、広大な敷地を確保することが可能です。例えば、第2工場でも第3工場でも約2000坪もの広さの工場を建設できるのです。これは都市部では考えられないことです。都市部では、同じ予算でせいぜい数百坪程度の敷地しか手に入らないと思います。

水質の問題も見逃せません。過疎地では、都市部と比べてはるかに良質な水を確保できる可能性が高いのです。これは製造業にとって非常に重要な要素となります。

地域での存在感という点でも、過疎地には大きなアドバンテージがあります。都市部の企業は「数ある企業の一つ」に過ぎませんが、過疎地では地域を代表する企業として認識されます。これにより、地域との良好な関係構築や、さまざまな面でのサポートを受けやすくなります。

一方、過疎地にもデメリットはあります。その最大のものは、物流コストです。市場から離れているため、運賃が高くなってしまいます。しかし、この問題に対しても、首都圏に物流拠点を設けるなどの対策を講じることで、かなりの程度軽減することができます。実際、私の会社では首都圏に大規模な物流センターを設けることで、その問題に対処しています。

つまり、過疎地のメリットはデメリットを大きく上回るのです。土地代の安さ、優秀な人材の確保のしやすさ、良質な資源の利用可能性、地域での存在感など、さまざまな要因が複合的に作用して、企業経営にとって非常に有利な環境を生み出しているのが地方なのです。

しかし、残念ながらこの事実はあまり知られていません。したがって、私はより多くの経営者に、過疎地の持つポテンシャルをもっと理解してもらいたいと思い、ことあるごとに話しています。過疎地は企業にとっても、そして地域にとっても、大きな可能性を秘めた〝約束の地〟なのです。

だからこそ、地方で事業を展開する企業には、その地域への恩返しという重要な役割があると考えています。その恩返しは、長期的なビジョンで行う必要があります。例えば、地域の子どもたちに将来的な雇用の機会を約束し、彼らが地元に残って活躍したいと思える環境を整えることで、長きにわたって地域が活性化し、その子らの親も安心して育児ができるという好循環につながります。

このように、地域と企業は、良い意味での持ちつ持たれつの共存関係になるべきだと私は考えています。

お客様と従業員への感謝を忘れない

最近、「ステークホルダー」という言葉をよく耳にします。しかし、その意味するところが株主や取引先に偏重しがちで、従業員の家族や地域社会の方々への配慮が不足しているように感じています。

私にとって、最も重要なステークホルダーは従業員とその家族です。この考えを、朝礼の場で幾度となく従業員たちに伝えてきました。「会社は従業員とその家族を大切にする。豊かな生活を送れるよう、利益を上げ、給与の増加に努める。そのためには、皆さんにも一生懸命頑張っていただき、この会社を一流企業へと導いてほしい。皆さんのお子様方にも、『この会社で働きたい』と思っていただけるような企業に、皆さん自身の手で育てていってほしい」、そのような思いを込めて、私は従業員に語りかけています。

第3工場の建設も、まさにその思いから生まれたものです。30億円もの借金をしてまで工場を建設するのは、私の代だけを考えれば必要のないことかもしれません。現在の売上や利益を考えれば、あえてリスクを取る必要はないのです。

しかし、会社を半永久的に存続させ、人々の食と健康に貢献するためには、この挑戦が必要不可欠だと判断しました。85歳にもなって工場を建てるというのは、まさにゴーイングコンサーンを実現するための決断なのです。

私たちは、この困難な道のりを乗り越え、会社の未来を切り拓いていかなければなりません。それは決して容易なことではありませんが、私たちの努力と決意があれば、必ず実現できると信じています。社員たちには全員一丸となって、私以上に勇猛果敢に突き進んでいってくれることを期待しています。

温泉水の販売を始めて20数年、この来し方を振り返ってみると、苦しいことや、もうおしまいだと思うことなどたくさんありました。しかし、楽しいことのほうが、圧倒的に多かったと思います。大きな新規取引先との契約や定期会員が1万人を超えた時など大歓声をあげました。赤字から黒字に転換したときのうれしさはたとえようもありません。新工場の竣工《しゅんこう》式、新しい事務所のお披露目、お花見、暑気払い、1泊の忘年会、新人の入社、社員の結婚式など……。それに何よりも、お客様自身が発信してくれるテレビ、雑誌、SNS上でのレビュー。お客様からの手紙や電話で、「体や肌の具合が良くなった」「ご飯がおいしく炊ける」など、そのたびに、うれしい思いでいっぱいになり、良い水に出会ってよかったと思うものです。温泉水99の特性や使い方などは、みんなお客様からいただいたものです。

変化する勇気　不易流行

多くの人には、大企業は常に豊富な資産を持っており、毎期、莫大な利益を上げているように見えると思います。しかし、かつては優良企業と思っていても、たくさんの企業が倒産へと転げ落ちていきます。私は企業の寿命を延ばすには、唯一最大の方法があると考えています。それは「変身」と「適応」です。

企業にとって変身、つまり変革は常に必要です。しかし、企業の変身は決して簡単にできることではありません。

まず、企業の変身というものは、現在の事業が傾いてからでは手遅れです。せっかく新事業を始めても、大概の場合は失敗してしまったりという事例をよく目にします。つまり、リスクが大きいのです。そのため、リスクを取りたくない企業は、変身することに躊躇して、新しい事業に挑戦せず、切羽詰まってもうすぐ会社の寿命が尽きるという事態にまで追いつめられて初めて、「何か新しいことを……」と考えるようになるのが普通です。

企業が変化するということは、このように多くのリスクを伴うものです。しかし、それでもこのリスクに挑戦し、克服していかなければ、企業は寿命が来るのを待つしかありません。私の会社の社名であるＳＯＣのＣは、まさにこの挑戦（Challenge）でもあります。企業が生き延びていくには、変化に挑戦するということが不可欠です。

人間がいつか死ぬように、企業も死ぬのです。私の会社は２０２１年、東京商工リサーチから元気印企業に認められましたが、何もしなければ、元気ではなくなってしまいます。

かつての高度成長期とは異なり、今日では新規事業に伴うリスクはますます増大しています。会社の寿命を永らえさせることができるか否かは、経営者の時代を見通す見識と決断力にかかっているといえます。

出口治明氏（立命館アジア太平洋大学　元学長）も「分からないことを決めるのがリーダー」と言っています。しかし、なんでも自分で決める独裁的な手法ではいけません。皆の意見を尊重し、侃々《かんかん》諤々《がくがく》、意見を言い合えるような民主的な企業こそが、ゴーイングコンサーンを実現するはずです。

ビジネス書の名著『会社の寿命　盛者必衰の理』（日経ビジネス編・新潮文庫）では、次のように書かれています。

> 過去の事業にこだわり、しがみついていけば、事業は衰退し、その企業は没落する。（中略）なぜならば企業が取り扱う商品には必ずと言ってもいいほど、ライフサイクルがある。（中略）そういう商品の上に安住していたら、その企業の寿命は短いものに終わる。そうならないためには、自社の主力商品のライフサイクルを冷徹に見極め、それ

に合わせて次の時代の主力商品を開発、育成していかなければならない。

幸いにも、私たちの会社の主力商品である温泉水99は、ライフサイクルを持つ商品ではなく永遠に不変です。ただし、そこに胡座《あぐら》をかいてはいけません。松尾芭蕉が唱えた、「不易流行」（いつまでも変化しない本質的なもの＝不易に、新しい変化＝流行を取り入れていくこと）の理念に基づけば、本質的な「不易」の商品の価値は大切にしつつ、品質管理やマーケティング、ＰＲ方法など時代によって変わる「流行」の部分においては、常に新しいものを取り入れていく必要があります。

現在、日本の産業界は大きな変革期を迎えようとしています。ＡＩ、リモートワーク、ライブコマース、越境ＥＣなど、ＩＴ革命が産業構造を揺るがし、その転換を迫っています。新興企業群が次々と出現し、その一方で、大企業病を患って他産業へ転進できない企業もたくさんあります。特に昨今は、コロナ禍やＡＩ革命で、まさしく「新・産業革命」の時代に入ったのです。

不易流行という言葉には、さまざまな意味があると思います。変わらないことが大事なのか、それとも変わっていくことが大事なのかと問われたら、私は両方だと答えます。どんなにコンピューターやＡＩが進化しても、私たちの温泉水99は絶対につくれません。そういう意味で不変なのです。一方で、売り方などは完全に流行の領域です。ＥＣでの販売など、時代の流れに合わせて変化しています。この不易と流行の両輪が完璧に動いたとき、会社は大きく伸びると確信しています。

この「不易」と「流行」という二面性について、私はこう考えています。そもそも人の世は複雑で、０か１００かスパッと割り切れるものではありません。白か黒かではなく、ほとんどの場合はグレーなのです。世界は、民主国家と独裁国家に分かれていますが、どちらも良い点もあれば欠点もあります。その二つを昇華させた新しいイデオロギーがないので、世の中は混沌《こんとん》としています。

俳人芭蕉の説く「不易流行」、渋沢栄一の『論語と算盤』、仏教の教え「心身一如」、これらは、ドイツ哲学の弁証法の中で提唱したアウフヘーベン、中国の思想「中庸」に通じるものがあり、日本でもこの思想は古くから受容されており、倫理や道徳、人間関係など、さまざまな場面で重視されてきました。

これらの相反する両極端を昇華させようとする考え方が弁証法で、私は大学で真面目に学んだとはいえませんが、これだけは不思議と頭に残っています。

自然界の温泉水は「不易」であり、これほど完璧な商品を持つありがたさ、幸せなことは世の中にはほかにはあまりないと思っています。自動車でさえ、ガソリン車から電気自動車へと変わろうとしており、変わらないものなど世の中にはないと思える状況なのに、この温泉水だけは、何万年もの太古の昔から変わらずにあって、これからも変わらずあり続けることと思います。永遠にオンリーワンであることはおそらく間違いありません。

問題は、人間界の「流行」です。温泉水の「不易」に頼るだけではなく、私たち経営陣の力で、「流行」の最先端を行くことが重要です。これが、もしかして「弁証法」の考え方に通じるものかもしれません。そのためには、世の中に常にアンテナを張っておかなければなりません。もっと円安が進めば、海外進出を進めるべきだと思いますし、コンピューターがますます普及するなら、ECにさらに力を入れるべきです。そういう流行の最先端を、果敢に追い求めていくことが、これからの中小企業経営者には求められていると思います。

だからこそ、私は第3工場の建設に踏み切りました。この新しい工場は、俗にスマート工場と呼ばれるものです。東京の管理会社がリモートで工場の状況を感知し、さまざまなトラブルを未然に防ぐことができます。部品の寿命や故障も、東京で把握できるようになるので、わざわざ東京から担当者が現地に赴く必要がなくなります。

このシステムは、某大手機械メーカーが考案したシステムを、私たちの会社と共同で開発・運営するという画期的な取り組みです。

私は、常に新しいことに挑戦し、変化することが本当の不易流行だと考えています。だからこそ、私たちはこれからも変化することを恐れず、挑戦することをやめません。ピークを超えて企業の寿命を延ばし、永続的な成長を実現するためには、常に変わり続ける姿勢が不可欠だからです。

おわりに

第3工場の建設計画を進める今、長い道のりを振り返ると感慨深いものがあります。幾多の困難を乗り越え、ここまで来られたのは、多くの人たちの支えがあったからこそです。

当初は、会社も小さく、おこがましいことと思って出版の話を断りましたが、お客様への感謝の気持ちを伝えたいという思いが次第に大きくなっていきました。これまでの苦労や喜び、そして何より、私たちを支えてくださったお客様への感謝の気持ちを伝えたい、そんな思いが、徐々に心の中で膨らんでいったのです。

私たちの温泉水99は、決して派手な商品ではありません。無名のうえに高価格と、一般的な水のビジネスでは厳しい条件を抱えていました。それでも、この水の特性を理解し、選び続けてくださったお客様のリテラシー（判断力）には、常に敬意を表してきました。

1万年から3万年もの歳月をかけて地下深くで眠り続け、周囲のミネラルを溶かし込んだこの水は、特殊な存在です。そんな希少な水を多くの人たちに愛飲していただけることに、深い感謝と責任を感じています。

会社の歴史を振り返れば、それは失敗と試行錯誤の連続でした。新商品開発の失敗、販路開拓の苦労、資金繰りの窮地など、幾度となく挫折を味わいました。夜も眠れないほど悩んだ時期もありましたが、心が折れるようなことはありませんでした。そんな紆余曲折を経て、素晴らしい人々に恵まれ、地域に愛され、社会に貢献できるようになりました。この事実を、多くの人たちに知っていただければと思います。私たちの歩みが、同じように困難に直面している人たちの励みになれば幸いです。

人の輪の大切さを痛感したのは、第3工場の計画を立てているときでした。自分たちだけで問題を解決しようとする社員たちに対して、外部の力を借りることの重要性を強調し、鼓舞したのです。「自分は60点の人間だ」と素直に認め、「助けてください」と言える姿勢が大切です。新しいことに挑戦するときこそ、外部の力を借りることが重要なのです。

稀代《きだい》の経営者、アンドリュー・カーネギーもそれを指摘しています。彼はスピーチで「自分よりも優秀な人たちを上手に使った男が眠る」と自分の墓碑に刻んでほしいと語ったことは、一人の力ではなく、優秀な人材を集め、その能力を最大限に引き出すことこそが成功への道だと示唆しています。

ビジネスとは結局のところ、人と人とのつながりです。どんなに素晴らしい商品があっても、それを扱う人間の人格が伴わなければ、長期的な成功は望めません。逆にいえば、人格者が扱う商品には自然と人が集まってくるものです。だからこそ、私は社員たちにも「人格をしっかりしろ」と言い聞かせています。

会社としての人格を高めるには、民主的であることが重要です。独裁的な経営ではなく、社員一人ひとりの意見に耳を傾け、それを尊重する姿勢が必要でしょう。そうすることで、社員の主体性や創造性が引き出され、会社全体の成長につながると考えています。

ただし、楽しい職場づくりも欠かせません。仕事は確かに真剣に取り組むべきものですが、だからといって常に緊張感に包まれている必要はありません。むしろ、適度なリラックスと楽しさがあることで、より良いアイデアが生まれ、生産性も向上すると私は思います。私たちの事務所では、社員たちがにぎやかに仕事をしています。時には仕事以外の話で盛り上がることもありますが、このような自由な雰囲気の中から、思いもよらないアイデアが生まれることがあります。

このような、社員が自由に意見を言える雰囲気を作るには、経営者側の努力が必要です。私自身も、「どんな意見でも歓迎する」という姿勢を常に心がけています。たとえその意見が私の考えと真っ向から対立するものであっても、まずは耳を傾けるようにしています。

そして何より大切なのは、常に未来を語ることです。第3工場の計画もそうですが、私たちは常に未来に目を向けています。希望を持ち続けることが、会社の成長には欠かせません。

私の愛読書、司馬遼太郎の『坂の上の雲』第1巻のあとがきに、明治初期の日本人は「小さくても、そのチームをつよくするというただひとつの目的に向かってすすみ、その目的をうたがうことすら知らなかった」という記述があります。そして最後に「楽天家たちは、そのような時代人としての体質で、前をのみ見つめながらあるく。のぼってゆく坂の上の青い天にもし一朶《いちだ》の白い雲がかがやいているとすれば、それのみをみつめて坂をのぼってゆくであろう。」（司馬遼太郎『坂の上の雲　一』文春文庫）と結んでいます。

日本が封建から民主になった明治の情景は、まるで私の会社の、今日よりも明日と、小さくとも頑張ろうというこれまでの歴史と見まがうように思えるのです。

企業理念は社名のＳＯＣのＳ（Sincerity）、Ｏ（Originality）Ｃ（Challenge）から、商品は他に類を見ないＯオリジナルなものだから、Ｓの誠意で、Ｃ挑戦していけば、会社は決して倒産するようなことはない、と社内ではいつも言っています。

このような具体的な目標が社風を生み、社員一人ひとりが自分の役割を明確に認識できます。「自分が頑張ることで、会社全体がこの目標に近づく」という実感が、モチベーションの維持につながると思います。また、未来を語ることは、お客様や取引先との関係にも良い影響を与える可能性があり、「この会社は将来性がある」と思ってもらえれば、より強固な信頼関係を築くことができるはずです。

もちろん、未来ばかりを見つめて現在を疎かにしてはいけません。しっかりと日々の業務を遂行し、目の前のお客様に最高のサービスを提供する、その積み重ねがあってこそ、未来の目標も達成できるのだと思います。

最後に、長年お世話になってきた皆様へのメッセージを述べさせていただきます。

私たちの温泉水99を発売してから、足掛け26年が経ちました。四半世紀という長い時間です。この間、世の中は大きく変化しました。インターネットが普及し、多くの人が携帯電話をスマートフォンに持ち替え、そして近年では新型コロナウイルスの流行など、私たちを取り巻く環境は目まぐるしく変化してきました。

そんな中で、変わらず私たちの商品を選び続けてくださったお客様には、感謝の言葉もありません。発売当初は、知名度もなく、デザインも洗練されておらず、何より値段が高いという三重苦を抱えていました。それにもかかわらず、この水の価値を見いだし、選んでくださった人たちが核となって、クチコミで広めてくれました。

発売よりずっと温泉水99のファンになって応援してくださった約1万人の方々に、

心からの感謝を込めて、この本をお贈りしたいと思います。皆様の優れたリテラシー、つまり物事の本質を見抜く力が、私たちの成長を支えてくれたと考えているからです。

これからもお客様の期待に応え続けられるよう、精進を重ねていく所存です。単に売上を伸ばすだけでなく、社会に貢献できる企業であり続け、環境保護活動への参加や、地域社会との共生など、企業としての社会的責任を果たしていきます。

これまで支えてくださった社員とその家族、問屋やスーパーなど取引先や個人のお客様のおかげで、私たちはここまで来ることができました。心より感謝申し上げます。本当にありがとうございました。

私たちの温泉水99の未来に、どうぞご期待ください。皆様の変わらぬご支援を、心よりお願い申し上げます。

草間茂行（くさま　しげゆき）

1939年長野県生まれ。同志社大学哲学科を卒業後、大手スーパーに就職し地方スーパーとの提携および店舗開発の責任者としていくつもの大型店の開発を手掛ける。退職後、1984年にエスオーシー有限会社（現　エスオーシー株式会社）設立、さまざまな分野で起業するも事業拡大には至らなかったが、その後鹿児島県垂水市の温泉水に出会い水ビジネスに関心をもつ。pH9.9という高いアルカリ性と硬度1.7以下の軟らかさをもつ、世界でもまれな天然アルカリ温泉水として、1999年にこの水のpH値を商品名に冠した「温泉水99」を商品化、販売を開始。垂水市に会社ともども拠点を移す。

本書についての
ご意見・ご感想はコチラ

一杯の水に人生を捧ぐ

2025年1月29日　第1刷発行

著　者　　草間茂行
発行人　　久保田貴幸

発行元　　株式会社 幻冬舎メディアコンサルティング
〒151-0051　東京都渋谷区千駄ヶ谷4-9-7
電話　03-5411-6440（編集）

発売元　　株式会社 幻冬舎
〒151-0051　東京都渋谷区千駄ヶ谷4-9-7
電話　03-5411-6222（営業）

印刷・製本　中央精版印刷株式会社
装　丁　　秋庭祐貴

検印廃止

Printed in Japan
ISBN 978-4-344-94875-4 C0034
幻冬舎メディアコンサルティングＨＰ
https://www.gentosha-mc.com/